普通高等教育高职高专"十三五"
规划教材之中高职衔接系列教材

建筑 CAD

主　编　张小礼　梁少伟　黄雅琪
副主编　陈俊宏　陈惠渝　王　璐
　　　　李　颖
主　审　周亚薰

中国水利水电出版社
www.waterpub.com.cn
·北京·

内 容 提 要

本教材以目前工程设计单位常用的 AutoCAD 2010 和天正建筑 TArch8.0 为基础，详细讲述 AutoCAD 的基本操作、AutoCAD 绘图环境的初步设置、AutoCAD 基本绘图、AutoCAD 基本编辑、文字与表格、图案填充与图块、尺寸标注、图形输出与打印、天正建筑软件概述、天正建筑软件平面图的绘制、天正建筑软件立面图的绘制、天正建筑软件剖面图的绘制、绘制建筑详图等。

本教材以"必需、够用"为原则，减少了软件功能方面的文字描述，强调实践技能。在内容介绍方面通过具体的操作步骤，增强教材可操作性。教材每章末都附有练习题，帮助读者掌握每章节的学习内容。

本教材为中高职衔接教材，适合作为中职、高职各种工程类专业的 CAD 教材，也可作为建筑工程行业技术人员的培训或自学参考书。

图书在版编目（CIP）数据

建筑CAD / 张小礼，梁少伟，黄雅琪主编. -- 北京：
中国水利水电出版社，2018.1（2023.8重印）
普通高等教育高职高专"十三五"规划教材之中高职
衔接系列教材
ISBN 978-7-5170-5696-6

Ⅰ. ①建… Ⅱ. ①张… ②梁… ③黄… Ⅲ. ①建筑设
计—计算机辅助设计—AutoCAD软件—高等职业教育—教
材 Ⅳ. ①TU201.4

中国版本图书馆CIP数据核字（2017）第177755号

书　　名	普通高等教育高职高专"十三五"规划教材之中高职衔接系列教材 **建筑 CAD** JIANZHU CAD
作　　者	主　编　张小礼　梁少伟　黄雅琪 副主编　陈俊宏　陈惠渝　王　璐　李　颖 主　审　周亚薰
出版发行	中国水利水电出版社 （北京市海淀区玉渊潭南路 1 号 D 座　100038） 网址：www.waterpub.com.cn E-mail：sales@mwr.gov.cn 电话：（010）68545888（营销中心）
经　　售	北京科水图书销售有限公司 电话：（010）68545874、63202643 全国各地新华书店和相关出版物销售网点
排　　版	中国水利水电出版社微机排版中心
印　　刷	天津嘉恒印务有限公司
规　　格	184mm×260mm　16 开本　15.5 印张　368 千字
版　　次	2018 年 1 月第 1 版　2023 年 8 月第 4 次印刷
印　　数	6501—9500 册
定　　价	**55.00** 元

普通高等教育高职高专"十三五"规划教材之

中高职衔接系列教材
编 委 会

前言 QIANYAN

　　本教材是普通高等教育高职高专"十三五"规划教材之中高职衔接系列教材中的一本，由广西壮族自治区县级中专综合改革帮扶奖补经费项目予以资助。

　　建筑 CAD 指以 AutoCAD 为基础开发的建筑行业类 CAD。建筑 CAD 在我国建筑工程设计领域已经占据主导地位，其影响力可以说无所不在。建筑 CAD 是建筑工程类学生的必修课，是为培养建筑工程专业学生的建筑 CAD 操作能力而开设的实践技能课。

　　AutoCAD（Auto Computer Aided Design）是由美国 Autodesk 公司开发的计算机辅助绘图软件。AutoCAD 自 1982 年问世以来，已经进行了 20 多次的升级，是目前工程设计领域应用最为广泛的计算机辅助绘图与设计软件之一。软件的使用解决了传统手工绘图效率低、绘图准确度差及劳动强度大的缺点。作为工程技术人员，应该熟练掌握 AutoCAD 的绘图技能。

　　以 AutoCAD 为基础开发的建筑行业类 CAD 市场上有天正建筑、浩辰建筑、斯维尔建筑、中望 CAD 建筑等版本。天正建筑软件 TArch 是北京天正工程软件有限公司开发的建筑行业 CAD，公司自 1994 年开始就在 AutoCAD 图形平台成功开发了一系列建筑、暖通、电气等专业软件，是 Autodesk 公司在中国大陆的第一批注册开发商。天正工程软件有限公司开发的建筑 CAD 软件在全国范围内取得了极大的成功，已经成为国内建筑 CAD 的行业典范。随着天正建筑软件的广泛应用，它的图档格式已经成为各设计单位与甲方之间图形信息交流的基础。

　　本教材主要介绍目前工程设计单位常用的 AutoCAD 2010 和天正建筑软件 TArch8.0 的操作技能。

　　本教材共分为 13 章，分别是：第 1 章 AutoCAD 的基本操作；第 2 章 AutoCAD 绘图环境的初步设置；第 3 章 AutoCAD 基本绘图；第 4 章 AutoCAD 基本编辑；

第 5 章文字与表格；第 6 章图案填充与图块；第 7 章尺寸标注；第 8 章图形输出与打印；第 9 章天正建筑软件概述；第 10 章天正建筑软件平面图的绘制；第 11 章天正建筑软件立面图的绘制；第 12 章天正建筑软件剖面图的绘制；第 13 章绘制建筑详图。

本教材是中高职衔接系列教材，由广西水利电力职业技术学院张小礼、梁少伟、黄雅琪担任主编，陈俊宏、陈惠渝、王璐、李颖担任副主编。其中：张小礼编写第 1 章、第 2 章，梁少伟编写第 11 章，黄雅琪编写第 12 章，陈俊宏编写第 3 章、第 5 章、第 6 章，陈惠渝编写第 13 章，王璐编写第 9 章、第 10 章，李颖编写第 4 章，广西二轻高级技工学校邓柱编写第 7 章，广西建工集团第一建筑工程有限公司第一分公司罗继振编写第 8 章，北部湾职业技术学校周亚薰担任主审。在本教材的编写过程中，许多同事提供了很多有益的帮助，在此一并表示感谢。

本教材以"必需、够用"为原则，减少了软件功能方面的文字描述，强调实践技能。在内容介绍方面通过具体的操作步骤，增强可操作性。每章后都附有练习题，帮助读者掌握每章节的学习内容。

由于编者水平有限，书中难免存在疏漏和不妥之处，敬请广大读者批评指正。

编者

2016 年 11 月

目录 *MULU*

AutoCAD 的基本操作

1.1 AutoCAD 2010 的安装和启动

1. 安装 AutoCAD 2010

AutoCAD 2010 软件以光盘形式提供，光盘中有名为 SETUP.EXE 的安装文件。执行 SETUP.EXE 文件，根据弹出的窗口选择、操作即可。

2. 启动 AutoCAD 2010

（1）双击桌面快捷方式图标。安装 AutoCAD 2010 后，系统会自动在 Windows 桌面上生成对应的快捷方式。双击该快捷方式图标，即可启动 AutoCAD 2010。

（2）"开始"菜单。在"开始"菜单（Windows）中，单击"所有程序" | "Autodesk" | "AutoCAD 2010-Simplified Chinese" | "AutoCAD 2010"。

1.2 AutoCAD 的经典工作界面

AutoCAD 2010 的经典工作界面由标题栏、菜单栏、各种工具栏、绘图窗口、光标、命令窗口、状态栏、坐标系图标、模型/布局选项卡、滚动条和菜单浏览器等组成，如图 1.1 所示。

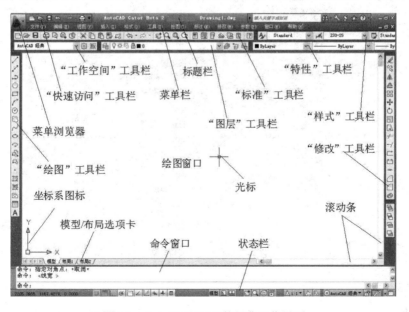

图 1.1 AutoCAD 2010 的经典工作界面

1.2.1　标题栏

标题栏位于绘图窗口的最上方，包括以下主要内容：

（1）程序名：AutoCAD。

（2）当前程序的版本号：2010。

（3）图形文件的名称：Drawing1.dwg（如文件已保存，则在显示名称的同时，显示路径）。

（4）窗口的最大化、最小化和关闭按钮。

1.2.2　菜单栏

AutoCAD 2010 菜单栏由"文件""编辑""视图"等菜单组成，几乎包括了 AutoCAD 中全部的功能和命令。

菜单栏命令后出现的一些符号，含义如下：

（1）带有向右面的箭头 ▶，表示此命令还有子命令。

（2）带有快捷键，表示打开此菜单时，按下快捷键即可执行命令。

（3）带有组合键，表示直接按组合键即可执行此命令。

（4）带有"…"，表示执行此命令后打开一个对话框。

此外，如果命令呈灰色，表示此命令在当前状态下不可使用。

图 1.2 为"格式"下拉菜单。

图 1.2　"格式"下拉菜单

1.2.3　工具栏

工具栏是应用程序调用命令的另一种方式，它包含许多由图标表示的命令按钮。在

AutoCAD 中，系统共提供了 30 个已命名的工具栏。默认情况下，标准工具栏、特性工具栏、工作空间工具栏、图层工具栏、样式工具栏、绘图工具栏、修改工具栏等工具栏处于打开状态。

如果要显示当前隐藏的工具栏，可在任意工具栏上单击鼠标右键（右击），此时将弹出一个快捷菜单，选择所需命令显示相应的工具栏。

此外，通过选择与下拉菜单"工具"｜"工具栏"｜"AutoCAD"对应的子菜单命令，也可以打开 AutoCAD 的各工具栏。

1.2.4 绘图窗口

绘图窗口类似于手工绘图时的图纸，是用户用 AutoCAD 2010 绘图并显示所绘图形的区域。

绘图窗口是用户绘图的工作区域，所有的绘图结果都反映在这个窗口中。用户可以根据需要，关闭其周围和里面的各个工具栏，以增大绘图空间。如果图纸比较大，需要查看未显示部分时，可以单击窗口右边与下边滚动条上的箭头，或拖动滚动条上的滑块来移动图纸。

可以通过 Limits 命令设定显示在屏幕上的绘图区域的大小。且可使用 Ctrl＋0 使绘图窗口最大化显示。

1.2.5 光标

当光标位于 AutoCAD 的绘图窗口时为十字形状，所以又称其为十字光标。十字线的交点为光标的当前位置。AutoCAD 的光标用于绘图、选择对象等操作。

1.2.6 命令行与文本窗口

命令窗口是 AutoCAD 显示用户从键盘键入的命令和显示 AutoCAD 提示信息的地方。默认时，AutoCAD 在命令窗口保留最后三行所执行的命令或提示信息。用户可以通过拖动窗口边框的方式改变命令窗口的大小，使其显示多于 3 行或少于 3 行的信息。将光标移至绘图区域与命令行窗口之间，上下移动，可放大、缩小命令行。

"AutoCAD 文本窗口"是记录 AutoCAD 命令的窗口，是放大的"命令行"窗口，它记录了用户已执行的命令，也可以用来输入新命令。在 AutoCAD 2010 中，用户可以选择"视图"｜"显示"｜"文本窗口"命令、执行 TEXTSCR 命令或按 F2 键来打开它。

1.2.7 状态栏

状态栏用于显示或设置当前的绘图状态。

状态栏上位于左侧的一组数字反映当前光标的坐标，其余按钮从左到右分别表示当前是否启用了捕捉模式、栅格显示、正交模式、极轴追踪、对象捕捉、对象捕捉追踪、动态 UCS、动态输入等功能以及是否显示线宽、当前的绘图空间等信息。

1.2.8 坐标系图标

坐标系图标通常位于绘图窗口的左下角，表示当前绘图所使用的坐标系的形式以及坐标方向等。AutoCAD 提供有世界坐标系（World Coordinate System，WCS）和用户坐标系（User Coordinate System，UCS）两种坐标系。世界坐标系为默认坐标系。

1.2.9　模型/布局选项卡

模型/布局选项卡用于实现模型空间与图纸空间的切换。

1.2.10　滚动条

利用水平和垂直滚动条，可以使图纸沿水平或垂直方向移动，即平移绘图窗口中显示的内容。

1.2.11　菜单浏览器

单击菜单浏览器，AutoCAD 会将浏览器展开，如图 1.3 所示。

用户可通过菜单浏览器执行相应的操作。

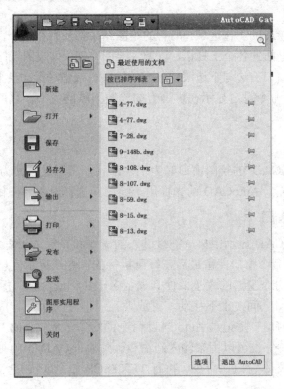

图 1.3　菜单浏览器

1.3　AutoCAD 图形文件管理

在 AutoCAD 2010 中，图形文件管理包括新建图形文件、打开已有的图形文件、保存图形文件、关闭图形文件等操作。

1.3.1　新建图形文件

1. 命令执行方式

（1）菜单命令："文件"|"新建"。

（2）标准工具栏上按钮。

（3）命令行：NEW 或 QNEW。

激活命令，系统提示"选择样板"对话框。

2. 操作提示

通过此对话框选择对应的样板后（初学者一般选择样板文件"acadiso.dwt"即可），单击"打开"按钮，就会以对应的样板为模板建立一新图形，如图1.4所示。

图1.4 "选择样板"对话框

1.3.2 打开已有的图形文件

1. 打开已有的图形文件的方式

（1）菜单命令："文件" | "打开"。

（2）标准工具栏上 按钮。

（3）命令行：OPEN。

2. 打开已有的图形文件应注意的问题

（1）"文件"下拉菜单底部会显示最近打开过的文件。单击，即可打开文件。

（2）Ctrl+Tab 键，在多个同类图形文件间切换（Alt+Tab 键在多个不同类型文件间切换）。

（3）窗口中可同时观察几个已打开的图形文件。

（3）按住 Ctrl 键，可逐一选取文件；按住 Shift 键，可同时选取多个文件。

1.3.3 保存图形文件

1. 用 QSAVE 命令保存图形

（1）命令执行方式。

1）菜单命令："文件" | "保存"。

2）标准工具栏上 按钮。

3）命令行：QSAVE。

（2）操作提示。如果当前图形没有被命名保存过，AutoCAD 会弹出"图形另存为"对话框。通过该对话框指定文件的保存位置及名称后，单击"保存"按钮，即可实现保存。

如果执行 QSAVE 命令前已对当前绘制的图形命名保存过，那么执行 QSAVE 后，AutoCAD 直接以原文件名保存图形，不再要求用户指定文件的保存位置和文件名。

2．换名存盘

换名存盘指将当前绘制的图形以新文件名存盘。执行 SAVEAS 命令，AutoCAD 弹出"图形另存为"对话框，要求用户确定文件的保存位置及文件名，用户响应即可。

3．加密保存文件

在 AutoCAD 2010 中，在保存文件时都可以使用密码保护功能，对文件进行加密保存。

当选择"文件"｜"保存"或"文件"｜"另存为"命令时，将打开"图形另存为"对话框。在该对话框中选择"工具"｜"安全选项"命令，此时将打开"安全选项"对话框。在"密码"选项卡中，可以在"用于打开此图形的密码或短语"文本框中输入密码，然后单击"确定"按钮打开"确认密码"对话框，并在"再次输入用于打开此图形的密码"文本框中输入确认密码，如图 1.5 所示。

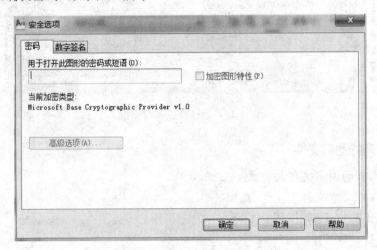

图 1.5　"安全选项"对话框

在进行加密设置时，可以在此选择 40 位、128 位等多种加密长度。可在"密码"选项卡中单击"高级选项"按钮，在打开的"高级选项"对话框中进行设置。为文件设置了密码后，在打开文件时系统将打开"密码"对话框，要求输入正确的密码，否则将无法打开该图形文件，这对于需要保密的图纸非常重要。

1.4　AutoCAD 命 令

1.4.1　执行或终止 AutoCAD 命令的方式

1．执行 AutoCAD 命令的方式

执行 AutoCAD 命令的方式有通过键盘输入命令、菜单执行命令以及工具栏三种方式执行命令。

2. 重复执行 AutoCAD 命令的方式

（1）按键盘上的 Enter 键或按 Space 键。

（2）使光标位于绘图窗口，右击，AutoCAD 弹出快捷菜单，并在菜单的第一行显示出重复执行上一次所执行的命令，选择此命令即可重复执行对应的命令。

3. 终止 AutoCAD 命令的执行

在命令的执行过程中，用户可以通过按 Esc 键；或右击，从弹出的快捷菜单中选择"取消"命令的方式终止执行的 AutoCAD 命令。

1.4.2 透明命令

透明命令是指在执行 AutoCAD 的命令过程中可以执行的某些命令。

当在绘图过程中需要透明执行某一命令时，可直接选择对应的菜单命令或单击工具栏上的对应按钮，而后根据提示执行对应的操作。透明命令执行完毕后，AutoCAD 会返回到执行透明命令之前的提示，即继续执行对应的操作。

通过键盘执行透明命令的方法为：在当前提示信息后输入"'"符号，再输入对应的透明命令后按 Enter 键或 Space 键，就可以根据提示执行该命令的对应操作，执行后 AutoCAD 会返回到透明执行此命令之前的提示。

如在绘制直线时打开点栅格并将其设置为 10 个单位，然后继续绘制直线。

```
命令: LINE
指定第一点: 'GRID
>>指定栅格间距(X) 或 [开(ON)/关(OFF)/捕捉(S)/主(M)/自适应(D)/界限(L)/跟随(F)/纵横向间距(A)] <2.0000>:
10
正在恢复执行 LINE 命令。
指定第一点:
```

1.5 确定点的位置

1.5.1 绝对坐标

1. 直角坐标

直角坐标用点的 X、Y、Z 坐标值表示该点，且各坐标值之间要用逗号隔开。例如："50，60，70"表示一个点的 X 坐标是 50，Y 坐标是 60，Z 坐标是 70。

2. 极坐标

极坐标用于表示二维点，其表示方法为：距离<角度。例如："150<45"表示一个点到坐标系原点的距离是 150，该点与坐标系原点的连线与 X 轴夹角 45°（逆时针）。

3. 球坐标

球坐标用于确定三维空间的点，它用三个参数表示一个点，即点与坐标系原点的距离 L；坐标系原点与空间点的连线在 XY 面上的投影与 X 轴正方向的夹角（简称在 XY 面内与 X 轴的夹角）α；坐标系原点与空间点的连线同 XY 面的夹角（简称与 XY 面的夹角）β，各参数之间用符号"<"隔开，即"L<α<β"。例如："150<45<35"表示一个点的球坐标，各参数的含义如图 1.6 所示。

4．柱坐标

柱坐标也是通过三个参数描述一点：即该点在 XY 面上的投影与当前坐标系原点的距离 ρ；坐标系原点与该点的连线在 XY 面上的投影同 X 轴正方向的夹角 α；以及该点的 Z 坐标值。距离与角度之间要用符号"<"隔开，而角度与 Z 坐标值之间要用逗号隔开，即"ρ<α，z"。例如："100<45，85"表示一个点的柱坐标，各参数的含义如图 1.7 所示。

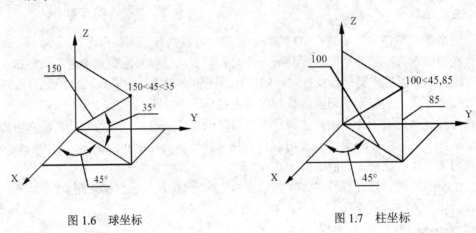

图 1.6　球坐标　　　　　　　　　　　　　图 1.7　柱坐标

1.5.2　相对坐标

相对坐标是指相对于前一坐标点的坐标。

相对坐标也有直接坐标、极坐标、球坐标和柱坐标四种形式，其输入格式与绝对坐标相同，但要在输入的坐标前加前缀"@"。

1.6　AutoCAD 2010 图形显示控制

AutoCAD 提供了强大的图形显示功能，通过放大、缩小、平移图形等手段，用户可以方便地观察到图纸的局部细节或全貌。

1.6.1　缩放视图

缩放命令改变图形的视觉显示尺寸，不会改变图形的实际尺寸，它只是改变图形在屏幕上的显示大小。

1．命令执行方式

（1）下拉菜单："视图"｜"缩放"，如图 1.8 所示。

（2）单击缩放工具栏：

（3）单击标准工具栏，如图 1.9 所示。

（4）命令行：ZOOM。

图 1.8 下拉菜单启动缩放命令

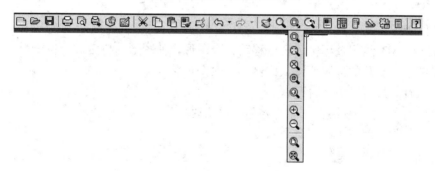

图 1.9 单击标准工具栏启动缩放命令

2. 各选项含义解释

（1）全部缩放（A）：⊕。将全部图形显示在屏幕上。此时如果各图形对象均没有超出由 LIMITS 命令设置的绘图范围，AutoCAD 在屏幕上显示该范围。如果有图形对象画到所设范围之外，则会扩大显示区域。以将超出范围的部分也显示在屏幕上。

（2）中心缩放（C）：⊕。以指定的点作为缩放中心，按输入的比例系数或视图高度进行缩放，选择该选项后，命令行提示：

>>指定中心点：

>>输入比例或高度 <10.0550>:

在该提示下，输入一个数值 n 作为当前视图的高度值，n 越大图形越小。<10.0550>是当前视图高度。

在该提示下，输入一个数值 n 加 X，例如 nX，则以指定中心为中心放大当前图形的 n 倍，n 大于 1 放大当前图形，n 小于 1 缩小当前图形。

（3）动态缩放（D）：。通过拾取框来动态确定要显示的图形区域。执行该命令后屏幕上会出现动态缩放特殊屏幕模式，其中有三个方框。蓝色虚线框一般表示图纸的范围，该范围是用 LIMITS 命令设置的边界或者是图形实际占据的矩形区域。绿色虚线框一般表示当前屏幕区，即当前在屏幕上显示的图形区域。选取视图框（框的中心处有一个"×"），用于在绘图区域中选取下一次在屏幕上显示的图形区域。

（4）范围缩放（E）：。在屏幕上显示全部图形，不受图形界限的影响。

（5）缩放上一个（P）：。指返回到前面显示的图形视图。可以通过连续单击该按钮的方式依次往前返回。最多可以返回 10 次。

（6）比例缩放（S）：。指根据给定的比例来缩放图形。输入该选项后，视图的中心位置不变。命令行提示：

输入比例因子 (nX 或 nXP):

nX 是指系统基于当前视图大小为基础对图形缩放 n 倍。

nXP 是指系统基于图纸空间大小为基础对图形缩放 n 倍。

（7）窗口缩放（W）：。窗口缩放指通过指定一个矩形的两个对角点来快速的放大该区域，放大后的图形居中显示。

（8）缩放对象（O）：。在屏幕上全屏显示所选对象。

1.6.2　平移视图

在 AutoCAD 绘图过程中，可以移动整个图形，使图形的特定部分位于显示屏幕。平移不改变图形中对象的位置或放大比例，只改变视图。

命令执行方式有以下几种：

（1）下拉菜单："视图"｜"平移"｜"实时"。

（2）命令行：PAN（透明命令）。

（3）标准工具栏：。

1.6.3　重画

重画命令将从所有视口中删除编辑命令留下的点标记。

命令执行方式有以下几种：

（1）下拉菜单："视图"｜"重画"。

（2）命令行：REDRAWALL。

1.6.4　重生成与全部重生成

1. 重生成

"重生成"是在当前视图中重生成整个图形并重新计算所有对象的屏幕坐标。它还重新创建图形数据库索引，从而优化显示和对象选择的性能。

命令执行方式有：

（1）下拉菜单："视图"｜"重生成"。

（2）命令行：REGEN。

2. 全部重生成

"全部重生成"是重新计算并生成当前图形的数据库，更新所有视图显示。该命令与"重生成"类似。

命令执行方式有以下几种：

（1）下拉菜单："视图"｜"全部重生成"。

（2）命令行：REGENALL（透明命令）。

练 习 题

按尺寸绘制图 1.10～图 1.14，不标注尺寸，并用直线图形练习题序号命名保存为图形文件。

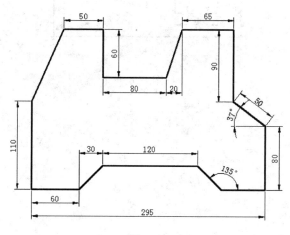

图 1.10

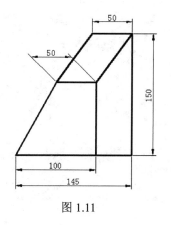

图 1.11

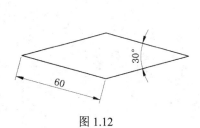

图 1.12

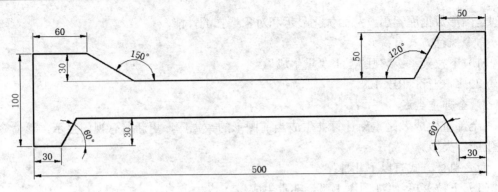

图 1.13

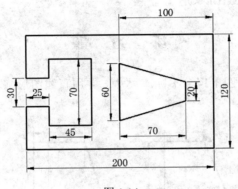

图 1.14

第2章

AutoCAD 绘图环境的初步设置

第一次启动 AutoCAD 2010 进入的界面是系统默认的，也可根据自己的使用习惯和个人爱好来设置界面。

2.1 绘 图 单 位 设 置

默认情况下 AutoCAD 使用十进制单位进行数据显示或数据输入，可以根据具体情况设置绘图的单位类型和数据精度。

1. 命令执行方式

（1）菜单命令："格式" | "单位"。

（2）命令行：DDUNITS 或 UNITS。

AutoCAD 弹出"图形单位"对话框，如图 2.1所示。

2. "图形单位"对话框介绍

对话框中，"长度"选项组确定长度单位与精度；"角度"选项组确定角度单位与精度；还可以确定角度正方向、零度方向以及插入单位等。

图 2.1 "图形单位"对话框

2.2 图 形 界 限 设 置

设置图形界限：在 AutoCAD 中指定的绘图区域。图形界限一般用在我们实际工程绘图时，把图形界限设置为工程图图纸的大小。

1. 命令执行方式

（1）菜单命令："格式" | "图形界限"。

（2）命令行：LIMITS。

命令: LIMITS
重新设置模型空间界限:
指定左下角点或 [开(ON)/关(OFF)] <0.0000,0.0000>:
指定右上角点 <420.0000,297.0000>:

2. 选项介绍

选择"开（ON）选项"，将打开图形界限检查，此时不能在图形界限之外结束一个对象。如果选择"关（OFF）选项"，将禁止检查，此时可以在图形界线外绘图或指定点。

2.3　精　度　设　置

2.3.1　捕捉

1. 捕捉的概念

为了准确地在屏幕上捕捉点，AutoCAD 提供了捕捉工具，可以在屏幕上生成一个隐含的栅格（捕捉栅格），这个栅格能够捕捉光标，约束它只能落在栅格的某一个节点上，使用户能够高精确度地捕捉和选择这个栅格上的点，如图 2.2 所示。

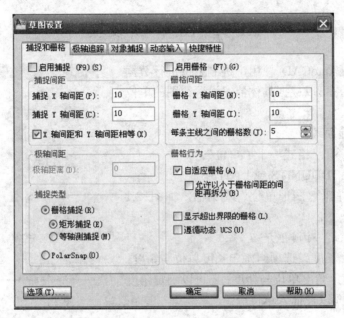

图 2.2　"捕捉和栅格"对话框

2. 命令执行方式

（1）状态栏：▦（仅限于打开与关闭）。

（2）下拉菜单："工具" | "草图设置"。

（3）功能键：F9。

2.3.2　栅格

1. 栅格的概念

按照设置的间距显示在图形区域中的点，它能提供直观的距离和位置的参照。

2. 命令执行方式

（1）状态栏：▦。

（2）命令行：GRID。

（3）功能键：F7。

2.3.3 正交

1. 正交的概念

绘制平行于 X 轴、Y 轴的直线。

2. 命令执行方式

（1）状态栏：▬。

（2）功能键：F8。

3. 正交的功能

开启正交功能后，系统将光标限制在水平或垂直方向上移动，便于使用鼠标绘制水平或垂直的直线。开启正交功能后，通过鼠标只能在两个方向上拾取点，但仍可以通过用键盘输入坐标值位置的方法定位任意点。

2.3.4 极轴追踪

1. 极轴追踪的概念

追踪一定角度的极轴。

2. 命令执行方式

（1）状态栏：⌀。

（2）功能键：F10。

3. 极轴追踪的功能

使用极轴追踪功能可在绘图区中根据用户指定的极轴角度绘制具有定角度的直线。开启极轴追踪功能后。当十字光标靠近用户指定的极轴角度时，在十字光标的一侧就会显示当前点距离前点的长度、角度及极轴追踪的轨迹，如图 2.3 所示。

图 2.3 "极轴追踪"对话框

2.3.5　对象捕捉

1．对象捕捉的概念

利用已经绘制的图像上的几何特征点定位新的点。

2．命令执行方式

（1）状态栏：□。

（2）快捷键：F3。

3．对象捕捉的设置

（1）设置捕捉点。在状态栏中的"对象捕捉"单击鼠标右键，选择"设置"，根据需要选取捕捉点，如图 2.4 所示。

（2）工具栏临时捕捉。该捕捉方式仅对当前操作有效，使用一次后，该捕捉方式将自动关闭。在绘图过程中单击鼠标右键，如图 2.5 所示，选择"捕捉替代"，根据需要选取捕捉点。

图 2.4　"对象捕捉"对话框

图 2.5　工具栏临时捕捉

2.3.6　动态输入

1．动态输入的概念

可以在工具栏提示中直接输入坐标值或者进行其他操作，而不必在命令行中进行输入，这样可以帮助用户专注于绘图区域，如图 2.6 所示。

2．命令执行方式

（1）状态栏：□。

（2）功能键：F12。

2.3.7　对象捕捉追踪

1．对象捕捉追踪的概念

光标可以沿基于其他对象捕捉点的对齐路径进行追踪，如图 2.7 所示。

图 2.6 "动态输入"对话框

图 2.7 "对象捕捉"对话框

2. 命令执行方式
（1）状态栏：。
（2）快捷键：F11。

2.4 图 层 设 置

我们可以把图层想象为一张没有厚度的透明纸，各层之间完全对齐，一层上的某一基准点准确地对准其他各层上的同一基准点。用户可以给每一图层指定所用的线型和颜色，并将具有相同线型和颜色的对象放在同一图层，这些图层叠放在一起就构成了一幅完整的图形，如图 2.8 所示。

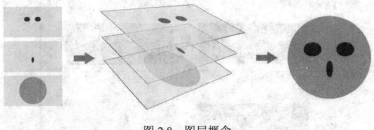

图 2.8　图层概念

图层的作用在于高效、方便的管理和修改不同类型或者复杂的图形。

2.4.1　创建图层

1．命令执行方式

（1）菜单命令："格式" | "图层"。

（2）命令行：LAYER 或 LA。

（3）图层工具栏：。

2．图层特性管理器

输入命令后，弹出"图层特性管理器"，如图 2.9 所示，左边是树状图，右边是列表视图。

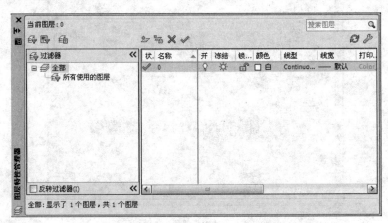

图 2.9　"图层特性管理器"对话框

（1）树状图。显示图形中图层和过滤器的层次结构列表，顶层"全部"显示了图形中的所有图层。

（2）列表视图。显示了图层和图层过滤器及其特性和说明。对话框中 分别表示新建图层、在所有视口中都被冻结的新图层视口、删除图层、置为当前图层。

3．图层所具有的特点

（1）用户可以在一幅图中指定任意数量的图层，并对图层数量没有限制。

（2）每一图层有一个名称，以便管理。

（3）一般情况下，一个图层上的对象应该是一种线型、一种颜色。

（4）各图层具有相同的坐标系、绘图界限和显示时的缩放倍数。

（5）用户只能在当前图层上绘图，可以对各图层进行"打开""关闭""冻结""解冻"，以及"锁定"等操作管理。

（6）默认状态下提供一个图层，图层名为"0"，颜色为白色，线型为实线，线宽为默认值。"0"图层不能被删除、重命名。

（7）Defpoints 图层是 AutoCAD 系统图层与 0 图层一样，均不能被删除。区别在于 0 图层可以被打印，但 Defpoints 也不能打印。Defpoints 图层中放置了各种标注的基准点。在平常是看不出来的，把标注打开就能发现，关闭其他图层后，然后选择所有对象，就会发现里面可以是一些点对象。

4. 图层调用

（1）图层列表框。该列表中列出了符合条件的所有图层，若需将某个图层设置为当前图层，在列表框中选取该层图标即可，通过列表框可以实现图层之间的快速切换，提高绘图效率。

（2）当前图层。用于将选定对象所在的图层设置为当前层。"上一个图层"图标用于返回到刚操作过的上一个图层。

（3）保存与调用图层状态。在 AutoCAD 2010 中可以将图层设置保存为单独的文件，方便在以后新建图形文件时，直接调用该图层设置文件，从而提高工作效率，保存图层状态。

如果经常需要绘制较复杂的图形，而在这些图形文件中需要创建的图层及设置又相同或相似时，可以只在某个图形文件中设置一次，然后将图层设置保存为 las 格式的文件，方便以后在其他图形文件中调用该图层设置，如图 2.10 所示。

图 2.10 "保存与调用图层状态"对话框

2.4.2　图层特性

从"图层特性管理器"对话框可以看出，图层主要包括颜色、线型和线宽等属性，这些属性应用于位于此图上的实体。改变图层属性的方法是，单击需要修改图层的相应属性，就会弹出对话框，按对话框的提示进行设置。

1. 颜色

（1）颜色功能。用 AutoCAD 绘工程图时，可以将不同线型的图形对象用不同的颜色表示。

AutoCAD 2010 提供了丰富的颜色方案供用户使用，其中最常用的颜色方案是采用索引颜色，即用自然数表示颜色，共有 255 种颜色，其中 1～7 号为标准颜色，它们是：1 号表示红色，2 号表示黄色，3 号表示绿色，4 号表示青色，5 号表示蓝色，6 号表示洋红，7 号表示白色（如果绘图背景的颜色是白色，7 号颜色显示成黑色）。

（2）命令执行方式有以下几种：

1）菜单命令："格式" | "颜色"。

2）命令行：COLOR。

AutoCAD 弹出"选择颜色"对话框，如图 2.11 所示。

图 2.11　"选择颜色"对话框

对话框中有"索引颜色""真彩色"和"配色系统"三个选项卡，分别用于以不同的方式确定绘图颜色。在"索引颜色"选项卡中，用户可以将绘图颜色设为"ByLayer"（随层）、"ByBlock"（随块）或某一具体颜色。其中，随层指所绘对象的颜色总是与对象所在图层设置的绘图颜色相一致，这是最常用到的设置。

2. 线型

（1）线型功能。绘工程图时经常需要采用不同的线型来绘图，如虚线、中心线等。

（2）命令执行方式有以下几种：

1）菜单命令："格式" | "线型"。

2）命令行：LINETYPE。

AutoCAD 弹出如图 2.12 所示的"线型管理器"对话框。可通过其确定绘图线型和线型比例等。

图 2.12 "线型管理器"对话框

如果线型列表框中没有列出需要的线型，则应从线型库中进行加载。单击"加载"按钮，AutoCAD 弹出"加载或重载线型"对话框，从中可选择要加载的线型进行加载，如图 2.13 所示。

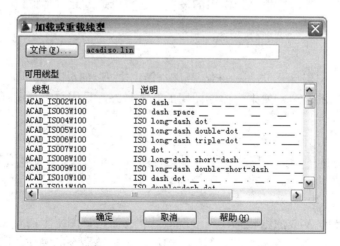

图 2.13 "加载或重载线型"对话框

3. 线宽

（1）线宽功能。工程图中不同的线型有不同的线宽要求。用 AutoCAD 绘工程图时，有两种确定线宽的方式：一种方法与手工绘图一样，直接将构成图形对象的线条用不同的宽度表示；另一种方法是将有不同线宽要求的图形对象用不同颜色表示，但其绘图线宽仍采用 AutoCAD 的默认宽度，不设置具体的宽度，当通过打印机或绘图仪输出图形时，利用打印样式将不同颜色的对象设成不同的线宽，即在 AutoCAD 环境中显示的图形没有线宽，而通过绘图仪或打印机将图形输出到图纸后会反映出线宽。本书采用后一种方法。

（2）命令执行方式有以下几种：

1）菜单命令："格式"｜"线宽"。

2）命令行：LWEIGHT。

AutoCAD 弹出"线宽设置"对话框，如图 2.14 所示。

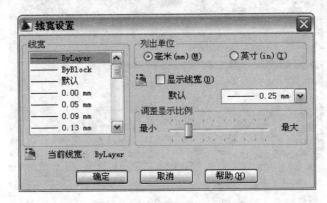

图 2.14　"线宽设置"对话框

列表框中列出了 AutoCAD 2010 提供的 20 余种线宽，用户可从中在"ByLayer""ByBlock"或某一具体线宽之间选择。其中，"ByBlock"表示绘图线宽始终与图形对象所在图层设置的线宽一致，这也是最常用的设置。还可以通过此对话框进行其他设置，如单位、显示比例等。

2.4.3　图层状态

图层状态包括图层打开/关闭、冻结/解冻、锁定/解锁和打印/不打印，其开关以图标的形式显示在图层名的右边，如果想控制图层的开关状态，只需单击该图标。

1. 打开/关闭

将图层设定为打开或关闭状态，当呈现关闭状态时，该图层上的所有对象将隐藏不显示，只有打开状态的图层会在屏幕上显示或由打印机打印出来。因此，绘制复杂的视图时，先将不编辑的图层暂时关闭，可降低图形的复杂性。

2. 解冻/冻结

将图层设定为解冻或冻结状态，当呈现冻结状态时，该图层上的对象均不会显示在屏幕或由打印机打出，而且不会执行重生成、缩放、平移等命令的操作，因此，若将视图中不编辑的图层暂时冻结，可加快执行绘图编辑的速度。而打开/关闭功能只是单纯将对象隐藏，因此并不会加快执行速度。

3. 解锁/锁定

将图层设定为解锁或锁定状态。被锁定的图层仍然显示在画面上，但不能以编辑命令修改被锁定的对象，只能绘制新的对象，如此可防止重要的图形被修改。

4.　打印/不打印

设定该图层是否打印。

2.5　对象特性设置

利用特性工具栏，快速、方便地设置绘图颜色、线型以及线宽。图 2.15 是特性工具栏。

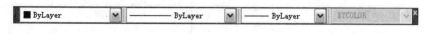

图 2.15　特性工具栏

特性工具栏的主要功能有以下几个方面：

（1）"颜色控制"列表框。该列表框用于设置绘图颜色。单击此列表框，AutoCAD 弹出下拉列表，如图 2.16 所示。用户可通过该列表设置绘图颜色（一般应选择"ByLayer"），或修改当前图形的颜色。

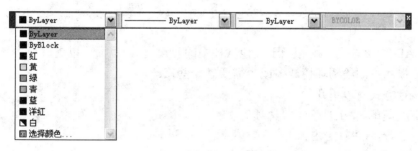

图 2.16　"颜色控制"列表框

修改图形对象颜色的方法是：首先选择图形，然后在如图 2.16 所示的颜色控制列表中选择对应的颜色。如果单击列表中的"选择颜色"项，AutoCAD 会弹出"选择颜色"对话框，供用户选择。

（2）"线型控制"列表框。该列表框用于设置绘图线型。单击此列表框，AutoCAD 弹出下拉列表，如图 2.17 所示。用户可通过该列表设置绘图线型（一般应选择"ByLayer"），或修改当前图形的线型。

图 2.17　"线型控制"列表框

修改图形对象线型的方法是：选择对应的图形，然后在如图 2.17 所示的"线型控制"列表中选择对应的线型。如果单击列表中的"其他"选项，AutoCAD 会弹出"线型管理器"对话框，供用户选择。

（3）"线宽控制"列表框。该列表框用于设置绘图线宽。单击此列表框，AutoCAD 弹出下拉列表,如图 2.18 所示。用户可通过该列表设置绘图线宽(一般应选择"ByLayer"),或修改当前图形的线宽。

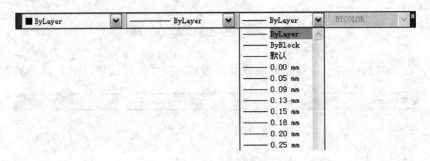

图 2.18 "线宽控制"列表框

修改图形对象线宽的方法是:选择对应的图形,然后在线宽控制列表中选择对应的线宽。

2.6 选 项 卡 设 置

AutoCAD 中"选项"就相当于其他软件中的"设置",里面可以更改很多系统参数,由于个人习惯和不同绘图环境或多或少需要做一些修改。

命令执行方式有以下几种:

(1)下拉菜单:"工具" | "选项"。

(2)命令行:OPTIONS。

执行命令后,弹出"选项"对话框,如图 2.19 所示。

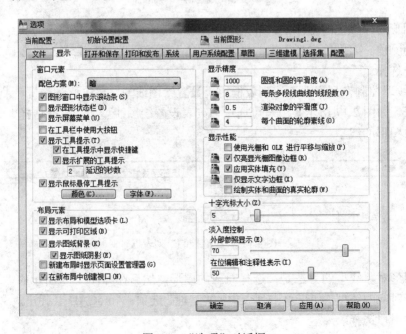

图 2.19 "选项"对话框

在"选项"对话框中有"文件""显示""打开和保存""打印和发布""系统""用户系统配置""草图""三维建模""选择集""配置"9个选项，用户可以根据自己的习惯修改，常用的修改有背景颜色、十字光标和有右键功能三项。

2.6.1 改变背景颜色

1. 背景颜色介绍

用户通常选用的绘图区背景颜色有黑色和白色两种。

选择黑色是出于两方面的考虑：一是为了保护用户的眼睛，不会因为长时间的工作，受屏幕白色光线的刺激；二是为了保护显示器。显示器在关闭时是黑色的，只有在电子束打到显像管表面的荧光层上，才显示出白色。若荧光层长期受电子束的轰击，就会逐渐老化，使得亮度和对比度下降。就像用户在使用电脑时会设置屏幕保护，让屏幕显示以黑色为背景的变化图案以保护屏幕的荧光层、延迟显示器的使用寿命一样。

2. 改变背景颜色

用户如果想改变绘图区背景的颜色，可点击"选项"对话框中的"显示"选项下面的"颜色"按钮，弹出"图形窗口颜色"对话框，如图2.20所示。

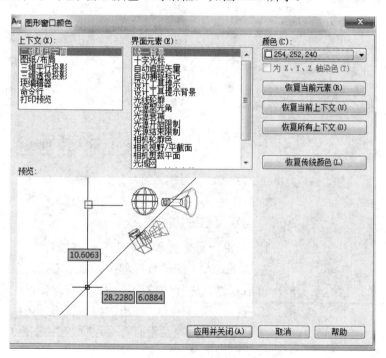

图2.20 "图形窗口颜色"对话框

"图形窗口颜色"对话框有4个区，操作如下：

（1）"上下文"：工作界面的背景环境，选择"二维空间模型"。

（2）"界面元素"：选择"统一背景"。

（3）"颜色"：下拉列表框列出了应用于选定界面元素的可用颜色，选择"白色"。

（4）"预览"：如果为界面元素选择了新颜色，新的设置将显示在"预览"区域中。

单击"应用并关闭"按钮，随后单击"确定"按钮，即完成了修改。

2.6.2　改变十字光标大小

AutoCAD 的光标大小默认设置为 5mm。在绘制施工图中，用户如果想将它改为更长的十字光标，可从"选项"对话框单击"显示"选项，在该对话框右下角有"十字光标大小"，用户可拖动滚动条，移到最右边，左边方框中显示即为"100"，如图 2.21 所示，单击"确定"按钮，设置完成。

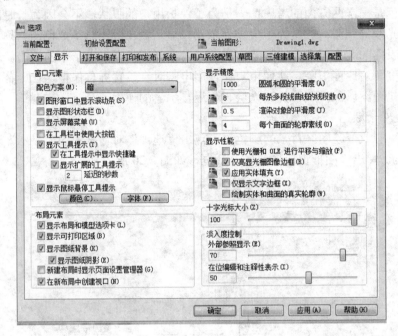

图 2.21　改变十字光标的大小

图 2.22　右键菜单

2.6.3　自定义右键功能

1. 调出"自定义右键单击"对话框

在 AutoCAD 的运行过程中，单击右键，就会弹出一个菜单，单击右键时光标的位置不同，如在绘图区、命令行、对话框、工具栏、状态栏处，弹出的内容就不同。

如果没选中对象且没有命令运行，在绘图区单击鼠标右键，弹出的菜单如图 2.22 所示。

在绘图区单击右键时可以显示快捷菜单，可以取得与按回车键相同的效果。如果用户习惯于运行命令时用单击右键实现回车键的功能，操作如下：

（1）单击"用户系统配置"选项，如图 2.23 所示。

（2）单击"自定义右键单击"按钮，弹出"自定义右键单击"对话框，如图 2.24 所示，有三种模式供用户选择。

图 2.23 "用户系统配置"选项

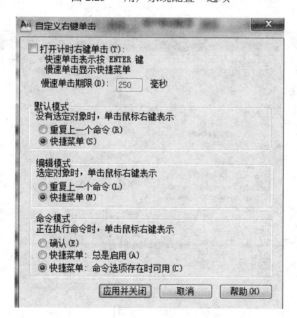

图 2.24 "自定义右键单击"对话框

2. 各种模式的解释

(1)"默认模式"。

1)"重复上一个命令":当没有选择对象且没有命令在执行时,在绘图区单击右键和按回车键的效果相同,即重复上一次使用的命令。

2）"快捷菜单"：启用"默认"快捷菜单。

（2）"编辑模式"。

1）"重复上一个命令"：当选中了一个或多个对象并且没有命令在运行时，在绘图区单击右键和按回车键的效果相同，即重复上一次使用的命令。

2）"快捷菜单"：启用"编辑"快捷菜单。

（3）"命令模式"。

1）"确认"：当命令正在运行时，在绘图区单击右键和按回车键效果相同。

2）"快捷菜单：总是启用"：启用"命令"快捷菜单。

3）"快捷菜单：命令选项存在时可用"：当前在命令行中可用时才用"命令"快捷菜单。命令行中的选项括在方括号内。如果没有可用的选项，则单击右键和按回车键效果相同。

在三个选项中各选择了一个项目后，单击"应用并关闭"按钮，便完成了自定义。

2.7　图形样板文件

按照 2.1 节~2.6 节的内容，符合一般用途的标准绘图模板设置完成，用户可以自己命名将其保存至硬盘中，另存为 AutoCAD 图形样板（*.dwt）文件类型。需要时可随时调用，如图 2.25 所示。

图 2.25　"图形样板文件"对话框

练 习 题

1. 按表 2.1 设置图层、颜色、线型和线宽，并设置线型比例。设置 A3 图幅（横装），留装订边，画出图纸边界线及图框线。

表 2.1

图层名称	颜色（色号）	线　型	线宽（mm）
粗实线	白（7）	实线 Continuous	0.6
细实线	红（1）	实线 Continuous	0.15
尺寸标注	黄（2）	实线 Continuous	0.15
字体	绿（3）	实线 Continuous	0.15
中粗线	青（4）	实线 Continuous	0.3
点划线	蓝（5）	点划线 CENTER	0.15
虚线	品红（6）	虚线 HIDDENX2	0.15

2．按图 2.26 的尺寸及格式画出标题栏。

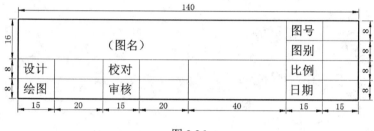

图 2.26

3．完成以上两道练习题后，以本人姓名为文件名，以样板文件的格式存入个人文件夹中。

4．按尺寸绘制如图 2.27 所示三视图，要求设置粗实线、虚线、细实线图层，不标注尺寸，完成后命名保存。

5．按尺寸绘制图 2.28 所示三视图，要求设置粗实线、虚线、细实线图层，不标注尺寸，完成后命名保存。

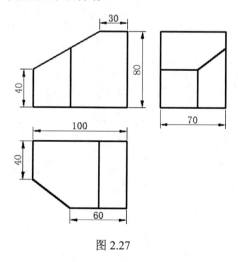

图 2.27

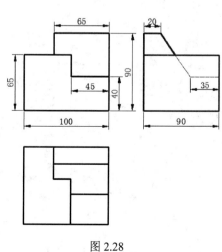

图 2.28

6．按尺寸绘制图 2.29 所示三视图，要求设置粗实线、虚线、细实线图层，不标注尺寸，完成后命名保存。

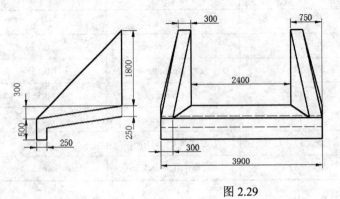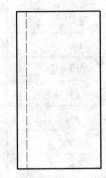

图 2.29

第 3 章

AutoCAD 基本绘图

3.1 AutoCAD 的坐标系

坐标系是确定对象位置的基本手段。AutoCAD 提供有世界坐标系（World Coordinate System，WCS）和用户坐标系（User Coordinate System，UCS）两种坐标系。系统默认坐标系为世界坐标系（WCS）。

3.1.1 WCS 坐标系

根据笛卡尔坐标系的习惯，沿 X 轴正方向（向右）为水平距离增加的方向，沿 Y 轴正方向（向上）为竖直距离增加的方向，垂直于 XY 平面，沿 Z 轴正方向从所视方向向外为距离增加的方向，如图 3.1 所示。世界坐标系 WCS 的重要之处在于：它总是存在于每一个设计的图形之中，并且不可改变。

3.1.2 UCS 坐标系

用户可以根据实际绘图需要设置坐标系。单击菜单"工具"｜"新建 UCS"弹出命令选项，如图 3.2 所示，可以修改坐标原点、坐标轴方向等设置。

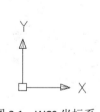

图 3.1　WCS 坐标系　　　　　　　　图 3.2　"新建 UCS"菜单

3.2 AutoCAD 的基本绘图

3.2.1 直线

1. 功能

绘制一条线段，或者绘出连续的多条线段，但每一条线段都是独立的。

2. 启动命令

调用该命令有以下三种方法：

（1）下拉菜单："绘图" | "直线"。

（2）绘图工具栏：单击 ╱ 。

（3）命令行：LINE（L）。

3．命令行操作及说明

命令: _LINE 指定第一点:
指定下一点或 [放弃(U)]:
指定下一点或 [放弃(U)]:
指定下一点或 [闭合(C)/放弃(U)]:

各命令选项说明：

（1）放弃（U）：输入 U，回车，取消上一步操作。

（2）闭合（C）：输入 C，回车，将最后一点与起点用直线连接形成闭合图形。

指定点的方法：一是在命令行直接输入点的坐标，二是在绘图区运用"对象捕捉"捕捉已经绘出的点，回车结束。

4．应用举例

【例题 3.1】　用"直线"命令绘制图边长为 100 的正三角形。

方法 1：使用相对极坐标完成直线的绘制。

命令: _LINE 指定第一点: 500,500
指定下一点或 [放弃(U)]: @100<0
指定下一点或 [放弃(U)]: @100<120
指定下一点或 [闭合(C)/放弃(U)]: C

方法 2：使用坐标法完成直线的绘制。

命令: _LINE 指定第一点: 500,500
指定下一点或 [放弃(U)]: @100,0
指定下一点或 [放弃(U)]: @-50,86.6
指定下一点或 [闭合(C)/放弃(U)]: C

执行完上述操作后得到如图 3.3 所示的图形。

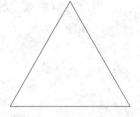

图 3.3　正三角形

3.2.2　射线

1．功能

绘制一条射线，或者连续绘出多条同一起点的射线。

2．启动命令

调用该命令有以下两种方法：

（1）下拉菜单："绘图" | "射线"。

（2）命令行：RAY。

3．命令行操作及说明

命令: _RAY 指定起点:
指定通过点:
指定通过点:

命令选项说明：指定一个起点，再指定多个通过点可以一次绘制出具有相同起点的多条射线。

3.2.3 构造线

1. 功能

绘制一条两端无限延伸的直线，或者连续绘出两端无限延伸且具有同一通过点的多条直线。

2. 启动命令

调用该命令有以下三种方法。

（1）下拉菜单："绘图" | "构造线"。

（2）绘图工具栏：单击 ✐ 。

（3）命令行：XLINE（XL）。

3. 命令行操作及说明

命令: _XLINE 指定点或 [水平(H)/垂直(V)/角度(A)/二等分(B)/偏移(O)]:
指定通过点:
指定通过点:

各命令选项说明：

（1）水平（H）：输入 H，回车，连续画出多条水平构造线。

（2）垂直（V）：输入 V，回车，连续画出多条铅垂构造线。

（3）角度（A）：输入 A，回车。

若输入角度值，回车，可连续画出与水平方向成一定角度的构造线。

输入构造线的角度 (0) 或 [参照(R)]:
指定通过点:

若输入 R，回车，可选择图形上已有直线为参考线，绘出与参考线成一定角度的构造线。

输入构造线的角度 (0) 或 [参照(R)]: R
选择直线对象:
输入构造线的角度 <0>:
指定通过点:

（4）二等分（B）：输入 B，回车，可以连续画出具有相同顶点和起点，而端点不同的角的二等分线。

指定角的顶点:
指定角的起点:
指定角的端点:
指定角的端点:

（5）偏移（O）：输入 O，回车。

若输入偏移距离，再选择图形上已有直线，可以画出与已有直线定距偏移的构造线。

指定偏移距离或 [通过(T)] <通过>:
选择直线对象:
指定向哪侧偏移:

若输入 T，回车，再选择图形上已有直线，可以画出通过指定点和已有直线平行的构造线。

```
指定偏移距离或 [通过(T)] <通过>: T
选择直线对象:
指定通过点:
```

3.2.4　多线

1．功能

绘制一条由多条平行的直线组成的多线，可以是连续的，且从起点到终点是一个整体对象。组成多线的平行线的数目、间距、线型、线宽、颜色等可以根据需要来设定。

2．启动命令

调用该命令有以下两种方法：

（1）下拉菜单："绘图"｜"多线"。

（2）命令行：MLINE（ML）。

3．命令行操作及说明

```
命令: _MLINE
当前设置: 对正 = 上,比例 = 20.00,样式 = STANDARD
指定起点或 [对正(J)/比例(S)/样式(ST)]:
指定下一点:
指定下一点或 [放弃(U)]:
指定下一点或 [闭合(C)/放弃(U)]:
```

各命令选项说明：

（1）对正（J）：输入 J，回车，设置多线的对齐方式。

```
输入对正类型 [上(T)/无(Z)/下(B)] <上>:
```

1）上（T）：一般为默认选项，在此对齐方式下，从左往右绘制多线，以多线最上端的直线为点的坐标输入基准；从下往上绘制多线，以多线最左端的直线为点的坐标输入基准；从上往下绘制多线，以多线最右端的直线为点的坐标输入基准。

2）无（Z）：在此对齐方式下，以多线中心线为点的坐标输入基准。

3）下（B）：在此对齐方式下，多线点的坐标输入基准与选项"上（T）"相反。

（2）比例（S）：输入 S，回车，设置多线的比例，即多线两条最外侧直线间的距离。该距离等于比例值乘以多线原来设定的宽度值，多线原来设定的宽度值为 1，默认比例值为 20，所以绘制的多线最外侧直线间的距离为 20。

```
输入多线比例 <20.00>:
```

（3）样式（ST）：输入 ST，回车，调用已设置好的多线样式名称，回车确认。

```
输入多线样式名或 [?]:
```

多线的样式可以根据实际绘图需要设置，单击菜单"格式"｜"多线样式"，在弹出的如图 3.4 所示"多线样式"对话框中进行设置。

鼠标单击"修改"按钮，在弹出如图 3.5 所示的"修改多线样式"对话框中，对构成多线直线的偏移（多线原来设定的宽度值）、线型、颜色进行设置，也可删除或添加图元数目。

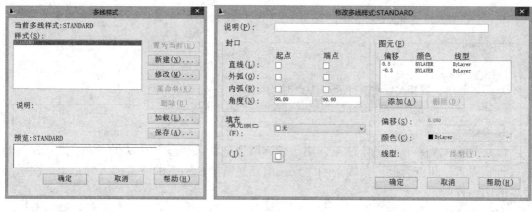

图 3.4 "多线样式"对话框   图 3.5 "修改多线样式"对话框

单击"线型"按钮，可在图 3.6 所示"选择线型"对话框中对多线的线型进行设置，还可以对多线直线间的颜色填充进行设置。

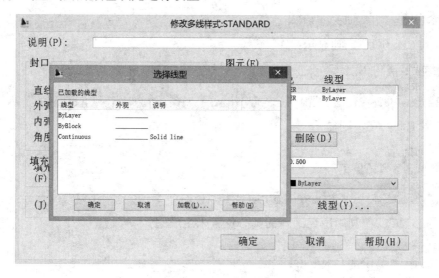

图 3.6 "选择线型"对话框

3.2.5 多段线

1. 功能

绘制一条多段线，可以连续绘制，且从起点到终点间的线是一个整体对象。可以绘制若干直线和圆弧连接而成的折线或曲线，绘制过程中可以分段设置各段的线宽。

2. 启动命令

调用该命令有以下三种方法：

（1）下拉菜单："绘图"｜"多段线"。

（2）绘图工具栏：单击 ↪。

（3）命令行：PLINE（PL）。

3. 命令行操作及说明

命令: _PLINE
指定起点:
当前线宽为 0.0000
指定下一个点或 [圆弧(A)/半宽(H)/长度(L)/放弃(U)/宽度(W)]:
指定下一点或 [圆弧(A)/闭合(C)/半宽(H)/长度(L)/放弃(U)/宽度(W)]:

各命令选项说明:

（1）圆弧（A）: 输入 A，回车，用于绘制圆弧。默认状态下，以起点、端点、方向的方式绘制圆弧。起点为上一条线条的终点，端点是所绘制圆弧的终点，方向是上一次所绘线条的切线方向。

指定圆弧的端点或
[角度(A)/圆心(CE)/方向(D)/半宽(H)/直线(L)/半径(R)/第二个点(S)/放弃(U)/宽度(W)]:

1）角度（A）: 利用所绘制圆弧的圆心角来生成圆弧。

指定包含角:
指定圆弧的端点或 [圆心(CE)/半径(R)]:

若输入 CE，回车，则显示:

指定圆弧的圆心:
指定圆弧的端点或
[角度(A)/圆心(CE)/闭合(CL)/方向(D)/半宽(H)/直线(L)/半径(R)/第二个点(S)/放弃(U)/宽度(W)]:

若输入 R，回车，则显示:

指定圆弧的半径:
指定圆弧的弦方向 <301>:
指定圆弧的端点或
[角度(A)/圆心(CE)/闭合(CL)/方向(D)/半宽(H)/直线(L)/半径(R)/第二个点(S)/放弃(U)/宽度(W)]:

2）圆心（CE）: 利用所绘圆弧的圆心位置来生成圆弧。

指定圆弧的圆心:
指定圆弧的端点或 [角度(A)/长度(L)]:

若输入 A，回车，则显示:

指定圆弧的端点或 [角度(A)/长度(L)]: A 指定包含角:
指定圆弧的端点或
[角度(A)/圆心(CE)/闭合(CL)/方向(D)/半宽(H)/直线(L)/半径(R)/第二个点(S)/放弃(U)/宽度(W)]:

若输入 L，回车，则显示:

指定圆弧的端点或 [角度(A)/长度(L)]: L 指定弦长:
指定圆弧的端点或
[角度(A)/圆心(CE)/闭合(CL)/方向(D)/半宽(H)/直线(L)/半径(R)/第二个点(S)/放弃(U)/宽度(W)]:

3）闭合（CL）: 在直线命令功能下，选择该选项，用直线封闭多段线终点和起点; 在圆弧命令功能下，选择该选项，用圆弧封闭多段线终点和起点。

4）方向（D）: 重新指定所绘制圆弧起点的切线方向，不使用默认方向。

指定圆弧的起点切向:
指定圆弧的端点:

5）直线（L）：返回绘制直线功能。

6）半径（R）：通过确定圆弧的半径并指定所绘圆弧的端点（或所绘圆心角）来生成圆弧。

指定圆弧的半径: 300
指定圆弧的端点或 [角度(A)]:

或:

指定圆弧的端点或 [角度(A)]: A
指定包含角:
指定圆弧的弦方向 <0>:

7）第二个点：通过确定圆弧上除起点外的另外两个点的位置来生成圆弧。

指定圆弧上的第二个点:
指定圆弧的端点:

（2）闭合（C）：输入 C，回车。在所绘的多段线的终点和起点间形成封闭线条。

（3）半宽（H）：输入 H，回车。设置多段线的半宽度，使绘制的多段线的宽度为该输入值的 2 倍。如果起点、端点半宽相等则生成等宽线；若不等，形成沿多段线长度方向宽度均匀渐变的线条。

指定起点半宽 <0.0000>:
指定端点半宽 <0.0000>:
指定下一个点或 [圆弧(A)/半宽(H)/长度(L)/放弃(U)/宽度(W)]:

（4）长度（L）：输入 L，回车。在绘制直线的状态下，以设定的直线长度的方式绘制直线。

（5）放弃（U）：输入 U，回车。撤销上一步的操作所绘制的线条。

（6）宽度（W）：输入 W，回车。设置多段线的宽度。

4. 应用举例

【例题 3.2】 用"多段线"命令绘制如图 3.7 所示的图形。

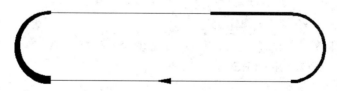

图 3.7 应用"多段线"命令绘制图形

启动多段线命令后，命令行及操作如下:

命令: _PLINE
指定起点: 600,600
当前线宽为 0.0000

指定下一个点或 [圆弧(A)/半宽(H)/长度(L)/放弃(U)/宽度(W)]: @120,0

指定下一点或 [圆弧(A)/闭合(C)/半宽(H)/长度(L)/放弃(U)/宽度(W)]: W

指定起点宽度 <0.0000>: 2

指定端点宽度 <2.0000>:

指定下一点或 [圆弧(A)/闭合(C)/半宽(H)/长度(L)/放弃(U)/宽度(W)]: @60,0

指定下一点或 [圆弧(A)/闭合(C)/半宽(H)/长度(L)/放弃(U)/宽度(W)]: A

指定圆弧的端点或

[角度(A)/圆心(CE)/闭合(CL)/方向(D)/半宽(H)/直线(L)/半径(R)/第二个点(S)/放弃(U)/宽度(W)]: @50<-90

指定圆弧的端点或

[角度(A)/圆心(CE)/闭合(CL)/方向(D)/半宽(H)/直线(L)/半径(R)/第二个点(S)/放弃(U)/宽度(W)]: L

指定下一点或 [圆弧(A)/闭合(C)/半宽(H)/长度(L)/放弃(U)/宽度(W)]: W

指定起点宽度 <2.0000>: 0

指定端点宽度 <0.0000>:

指定下一点或 [圆弧(A)/闭合(C)/半宽(H)/长度(L)/放弃(U)/宽度(W)]: @-90,0

指定下一点或 [圆弧(A)/闭合(C)/半宽(H)/长度(L)/放弃(U)/宽度(W)]: W

指定起点宽度 <0.0000>: 4

指定端点宽度 <4.0000>: 0

指定下一点或 [圆弧(A)/闭合(C)/半宽(H)/长度(L)/放弃(U)/宽度(W)]: @-10,0

指定下一点或 [圆弧(A)/闭合(C)/半宽(H)/长度(L)/放弃(U)/宽度(W)]: @-80,0

指定下一点或 [圆弧(A)/闭合(C)/半宽(H)/长度(L)/放弃(U)/宽度(W)]: A

指定圆弧的端点或

[角度(A)/圆心(CE)/闭合(CL)/方向(D)/半宽(H)/直线(L)/半径(R)/第二个点(S)/放弃(U)/宽度(W)]: W

指定起点宽度 <0.0000>: 6

指定端点宽度 <6.0000>: 2

指定圆弧的端点或

[角度(A)/圆心(CE)/闭合(CL)/方向(D)/半宽(H)/直线(L)/半径(R)/第二个点(S)/放弃(U)/宽度(W)]: CL

3.2.6　矩形

1．功能

绘制一个矩形，可以连续绘制，通过确定矩形的两个对角点来完成，绘制出的矩形是一个整体对象。在绘制的过程中，还可以为矩形指定线宽、厚度、标高、圆角和倒角。

2．启动命令

调用该命令有以下三种方法：

（1）下拉菜单："绘图" ｜ "矩形"。

（2）绘图工具栏：单击 ▭ 。

（3）命令行：RECTANG（REC）。

3．命令行操作及说明

命令: _RECTANG

指定第一个角点或 [倒角(C)/标高(E)/圆角(F)/厚度(T)/宽度(W)]:

指定另一个角点或 [面积(A)/尺寸(D)/旋转(R)]:

各命令选项说明：

（1）宽度（W）：在第一个角点输入前输入 W，回车，指定矩形的线宽。

（2）倒角（C）：让矩形边与边间以指定的倒角过渡。

命令:_RECTANG
指定第一个角点或 [倒角(C)/标高(E)/圆角(F)/厚度(T)/宽度(W)]: C
指定矩形的第一个倒角距离 <0.0000>:
指定矩形的第二个倒角距离 <0.0000>:
指定第一个角点或 [倒角(C)/标高(E)/圆角(F)/厚度(T)/宽度(W)]:
指定另一个角点或 [面积(A)/尺寸(D)/旋转(R)]:

（3）圆角（F）：让矩形边与边间以一定的圆角过渡。

命令:_RECTANG
指定第一个角点或 [倒角(C)/标高(E)/圆角(F)/厚度(T)/宽度(W)]: F
指定矩形的圆角半径 <0.0000>:
指定第一个角点或 [倒角(C)/标高(E)/圆角(F)/厚度(T)/宽度(W)]:
指定另一个角点或 [面积(A)/尺寸(D)/旋转(R)]:

3.2.7　正多边形

1. 功能

绘制一个正多边形为一个整体对象。绘制方式有圆内接正多边形、圆外接正多边形、指定边长三种。

2. 启动命令

调用该命令有以下三种方法：

（1）下拉菜单："绘图" | "正多边形"。

（2）绘图工具栏：单击 ⬠ 。

（3）命令行：POLYGON（POL）。

3. 命令行操作及举例说明

【例题 3.3】　用圆内接正多边形方式，绘制半径为 50mm 的圆内接正五边形，如图 3.8 所示。

命令:_POLYGON
输入边的数目 <6>: 5
指定正多边形的中心点或 [边(E)]:
输入选项 [内接于圆(I)/外切于圆(C)] <I>:
指定圆的半径: 50

【例题 3.4】　用圆外接正多边形方式，绘制半径为 50mm 的圆的外接正五边形，如图 3.9 所示。

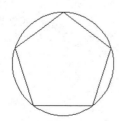

图 3.8　圆内接正五边形

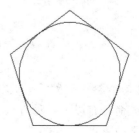

图 3.9　圆外接正五边形

命令: _POLYGON
输入边的数目 <6>: 5
指定正多边形的中心点或 [边(E)]:
输入选项 [内接于圆(I)/外切于圆(C)] <I>: C
指定圆的半径: 50

【例题 3.5】 用指定正多边形边长的方式，绘制边
长为 60mm 的正五边形，如图 3.10 所示。

命令: _POLYGON
输入边的数目 <6>: 5
指定正多边形的中心点或 [边(E)]: E
指定边的第一个端点:
指定边的第二个端点: @60,0

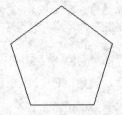

图 3.10 应用"正多边形"绘制图形

3.2.8 圆

1. 功能

绘制一个圆，在 AutoCAD 中绘制的圆实际上都是正多边形，边数越多越光滑。可以通过下拉菜单"工具"｜"选项"打开选项对话框进行调整，如图 3.11 所示，选择"显示"选项卡，调整显示精度选项组中的圆弧和圆的平滑度参数，该值默认为 1000，此参数值越大，生成的圆越光滑。

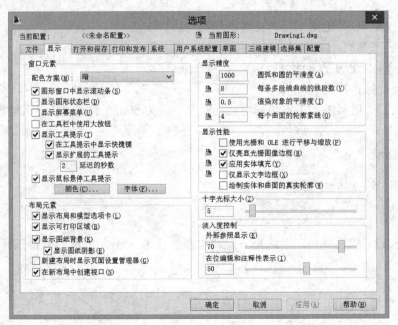

图 3.11 "工具"｜"选项"对话框

2. 启动命令

调用该命令有以下三种方法：

（1）下拉菜单："绘图"｜"圆"。

（2）绘图工具栏：单击 ⊙ 。

（3）命令行：CIRCLE（C）。

3. 命令行操作及说明

在如图 3.12 所示的"绘图"｜"圆"菜单中有 6 种绘制圆的方法。

（1）圆心、半径（R）。

```
命令: _CIRCLE
指定圆的圆心或 [三点(3P)/两点(2P)/切点、切点、半径(T)]:
指定圆的半径或 [直径(D)] <216.2542>:
```

（2）圆心、直径（D）。

```
命令: _CIRCLE
指定圆的圆心或 [三点(3P)/两点(2P)/切点、切点、半径(T)]:
指定圆的半径或 [直径(D)] <216.2542>: _d
指定圆的直径 <432.5085>:
```

（3）两点（2）。

```
命令: _CIRCLE
指定圆的圆心或 [三点(3P)/两点(2P)/切点、切点、半径(T)]: _2P
指定圆直径的第一个端点:
指定圆直径的第二个端点:
```

（4）三点（3）。

```
命令: _CIRCLE
指定圆的圆心或 [三点(3P)/两点(2P)/切点、切点、半径(T)]: _3P
指定圆上的第一个点:
指定圆上的第二个点:
指定圆上的第三个点:
```

（5）相切、相切、半径（T）。

```
命令: _CIRCLE
指定圆的圆心或 [三点(3P)/两点(2P)/切点、切点、半径(T)]: _ttr
指定对象与圆的第一个切点:
指定对象与圆的第二个切点:
指定圆的半径 <4567.3911>:
```

（6）相切、相切、相切（A）。

```
命令: _CIRCLE
指定圆的圆心或 [三点(3P)/两点(2P)/切点、切点、半径(T)]: _3P
指定圆上的第一个点: _tan 到
指定圆上的第二个点: _tan 到
指定圆上的第三个点: _tan 到
```

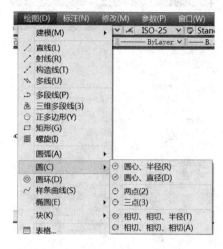

图 3.12 "绘图"｜"圆"菜单

3.2.9 圆弧

1. 功能

绘制一条圆弧，命令是 ARC。

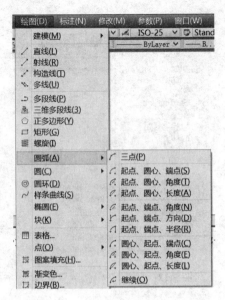

图 3.13 "绘图" | "圆弧" 菜单

2. 启动命令

调用该命令有以下三种方法：

（1）下拉菜单："绘图" | "圆弧"。

（2）绘图工具栏：单击 ⌒。

（3）命令行：ARC（A）。

3. 命令行操作及说明

在如图 3.13 所示的"绘图" | "圆弧"菜单中有 10 种绘制圆弧的方法。

（1）三点（P）。

命令：_ARC
指定圆弧的起点或 [圆心(C)]:
指定圆弧的第二个点或 [圆心(C)/端点(E)]:
指定圆弧的端点:

该命令是通过指定所绘制的圆弧起点、中间任意一点、端点的位置，来生成一段圆弧的方法。

（2）起点、圆心、端点（S）。

命令：_ARC
指定圆弧的起点或 [圆心(C)]:
指定圆弧的第二个点或 [圆心(C)/端点(E)]: _C
指定圆弧的圆心:
指定圆弧的端点或 [角度(A)/弦长(L)]:

该命令是通过指定所绘制的圆弧起点、圆心、端点，来生成一段起点与端点间圆弧。

（3）起点、圆心、角度（I）。

命令：_ARC
指定圆弧的起点或 [圆心(C)]:
指定圆弧的第二个点或 [圆心(C)/端点(E)]: _C
指定圆弧的圆心:
指定圆弧的端点或 [角度(A)/弦长(L)]: _A
指定包含角:

该命令是通过指定所绘制的圆弧起点、圆心、圆心角角度，来生成一段由圆心角值控制长度和方向的圆弧。AutoCAD 默认的角度正方向是逆时针方向，想要顺时针方向绘制圆弧，应在角度前面加一个负号。

（4）起点、圆心、长度（A）。

命令：_ARC
指定圆弧的起点或 [圆心(C)]:
指定圆弧的第二个点或 [圆心(C)/端点(E)]: _C
指定圆弧的圆心:
指定圆弧的端点或 [角度(A)/弦长(L)]: _L
指定弦长:

该命令是通过指定所绘制的圆弧起点、圆心、起点与终点之间的弦长，来生成一段由弦长控制长度圆弧。由于弦长不能超过直径，用鼠标指定弦长时，最多只能得到从起点开始的逆时针方向的近半圆周，若想得到超过半周的圆弧，可以在弦长值前加一个负号。用该方法绘制的起点、圆心任定，半径为 200，弦长分别为 300 和–300 的圆弧如图 3.14 所示。

（5）起点、端点、角度（N）。

命令:_ARC
指定圆弧的起点或 [圆心(C)]:
指定圆弧的第二个点或 [圆心(C)/端点(E)]: _E
指定圆弧的端点:
指定圆弧的圆心或 [角度(A)/方向(D)/半径(R)]: _A
指定包含角:

图 3.14　绘制圆弧

该命令是通过指定所绘制的圆弧起点、端点、圆心角角度，来生成一段起点与端点间的圆弧。

（6）起点、端点、方向（D）。

命令:_ARC
指定圆弧的起点或 [圆心(C)]:
指定圆弧的第二个点或 [圆心(C)/端点(E)]: _E
指定圆弧的端点:
指定圆弧的圆心或 [角度(A)/方向(D)/半径(R)]: _D
指定圆弧的起点切向:

该命令是通过指定所绘制的圆弧起点、端点之后，通过指定起点处的圆弧的切线方向来完成一段圆弧的绘制。

（7）起点、端点、半径（R）。

命令:_ARC
指定圆弧的起点或 [圆心(C)]:
指定圆弧的第二个点或 [圆心(C)/端点(E)]: _E
指定圆弧的端点:
指定圆弧的圆心或 [角度(A)/方向(D)/半径(R)]: _R
指定圆弧的半径:

该命令是通过指定所绘制的圆弧起点、端点之后，通过指定圆弧的半径，来生成一段沿逆时针方向，从起点到终点的圆弧。

（8）圆心、起点、端点（C）。

命令:_ARC
指定圆弧的起点或 [圆心(C)]: _C
指定圆弧的圆心:
指定圆弧的起点:
指定圆弧的端点或 [角度(A)/弦长(L)]:

该命令用于绘制指定圆心后，从起点沿逆时针方向到端点的一段圆弧。

（9）圆心、起点、角度（E）。

```
命令: _ARC
指定圆弧的起点或 [圆心(C)]: _C
指定圆弧的圆心:
指定圆弧的起点:
指定圆弧的端点或 [角度(A)/弦长(L)]: _A
指定包含角:
```

该命令是通过指定所绘制的圆弧圆心、起点之后，通过指定圆心角的角度值来生成一段圆弧。角度值的正负决定了圆弧是按逆时针还是按顺时针生成。

（10）圆心、起点、长度（L）。

```
命令: _ARC
指定圆弧的起点或 [圆心(C)]: _C
指定圆弧的圆心:
指定圆弧的起点:
指定圆弧的端点或 [角度(A)/弦长(L)]: _L
指定弦长:
```

该命令是通过指定所绘制的圆弧圆心、起点之后，通过指定弦长来生成一段圆弧。弦长为正值，圆弧为逆时针方向且长度小于半周；弦长为负值，圆弧为顺时针方向且长度大于半周。

（11）继续（L）。

```
命令: _ARC
指定圆弧的起点或 [圆心(C)]:
指定圆弧的端点:
```

该命令用于从上一条线条的终点绘制圆弧。

3.2.10　圆环

1. 功能

绘制多个圆环，命令是 DONUT。认为它是带有宽度的闭合多段线。通过在命令行输入变量 FILLMODE，回车，修改该值为 1 或 0，可以设定生成的圆环是实体填充环或者填充环。

2. 启动命令

调用该命令有以下两种方法：

（1）下拉菜单："绘图" | "圆环"。

（2）命令行：DONUT（DO）。

3. 命令行操作及说明

```
命令: _DONUT
指定圆环的内径 <10.0000>:
指定圆环的外径 <20.0000>:
指定圆环的中心点或 <退出>:
指定圆环的中心点或 <退出>:
```

画钢筋剖面时可以用圆环命令快速画出来，内径设置为 0，外径根据需要进行设置。

3.2.11 椭圆

1. 功能

绘制一个椭圆，或者一段椭圆弧线，命令是 ELLIPSE。

2. 启动命令

调用该命令有以下三种方法：

（1）下拉菜单："绘图" | "椭圆"。

（2）绘图工具栏：单击 ⬭。

（3）命令行：ELLIPSE（EL）。

3. 命令行操作及说明

如图 3.15 所示，"绘图" | "椭圆"菜单中有两种绘制椭圆的方法。

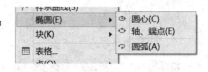

图 3.15 "绘图" | "椭圆"菜单

（1）轴、端点。

```
命令: _ELLIPSE
指定椭圆的轴端点或 [圆弧(A)/中心点(C)]:
指定轴的另一个端点:
指定另一条半轴长度或 [旋转(R)]:
```

该命令是通过指定椭圆一个轴的长度以及另一条半轴的长度来绘制椭圆。

（2）中心点（C）。

```
命令: _ELLIPSE
指定椭圆的轴端点或 [圆弧(A)/中心点(C)]: C
指定椭圆的中心点:
指定轴的端点:
指定另一条半轴长度或 [旋转(R)]:
```

（3）圆弧（A）。

```
命令: _ELLIPSE
指定椭圆的轴端点或 [圆弧(A)/中心点(C)]: _A
指定椭圆弧的轴端点或 [中心点(C)]:
指定轴的另一个端点:
指定另一条半轴长度或 [旋转(R)]:
指定起始角度或 [参数(P)]:
指定终止角度或 [参数(P)/包含角度(I)]:
```

椭圆弧是在绘制出椭圆的基础上，通过确定起始和终止角度截取得到，角度值是以椭圆的长轴为基准测量，并以逆时针方向为正。

3.2.12 样条曲线

1. 功能

绘制光滑的曲线，可以通过定义一组点，生成光滑曲线。样条曲线的绘制是连续的，从起点到终点是一个整体对象。

2. 启动命令

调用该命令有以下三种方法：

（1）下拉菜单："绘图" | "样条曲线"。

（2）绘图工具栏：单击 ∿ 。

（3）命令行：SPLINE（SPL）。

3．命令行操作及说明

命令: _SPLINE
指定第一个点或 [对象(O)]:
指定下一点:
指定下一点或 [闭合(C)/拟合公差(F)] <起点切向>:
指定下一点或 [闭合(C)/拟合公差(F)] <起点切向>:
指定起点切向:
指定端点切向:

（1）闭合（C）。

指定下一点或 [闭合(C)/拟合公差(F)] <起点切向>: C
指定切向:

指定封闭曲线闭合点处曲线的切线方向，完成封闭曲线的绘制。

（2）拟合公差（F）。

指定下一点或 [闭合(C)/拟合公差(F)] <起点切向>: F
指定拟合公差<0.0000>:

当使用默认值 0.0000 时，绘制的曲线经过指定的所有控制点，即前面所输入的点。当该数值设定为大于 0 时，绘制的曲线经过指定公差之内的拟合点。

3.2.13 点

1．功能

绘制一个或多个点，还具有定数等分与定距等分功能。常用来辅助定位，绘图时使用节点捕捉可捕捉到所绘制的孤立的点。

2．启动命令

调用该命令有以下三种方法：

（1）下拉菜单："绘图" | "点"。

（2）绘图工具栏：单击 · 。

（3）命令行：POINT（PO）。

3．命令行操作及说明

如图 3.16 所示，"绘图" | "点"菜单中可以绘制单点与多点。

命令: _POINT
当前点模式: PDMODE=0, PDSIZE=0.0000
指定点:

系统默认的点模式设置，绘出的点比较小，可以通过点样式进行设置，改变点的大小、样式和显示方式。从下拉菜单"格式" | "点"调出"点样式"对话框，如图 3.17 所示，在对话框中进行设置。

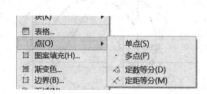

图 3.16 "绘图" | "点" 菜单

图 3.17 "点样式"对话框

（1）定数等分（D）。

命令: _DIVIDE
选择要定数等分的对象:
输入线段数目或 [块(B)]:

将选定的对象按给定的数目进行等分，并用点或图块进行标记。

（2）定距等分（M）。

命令: _MEASURE
选择要定距等分的对象:
指定线段长度或 [块(B)]:

将选定的对象按指定的测量长度进行等分，并用点或图块进行标记。鼠标选择对象时靠近哪一侧，系统就从哪一侧开始测量，当对象所余部分不足指定的测量长度时，便不再标记。

练 习 题

绘制图 3.18～图 3.23。

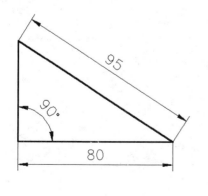

图 3.18

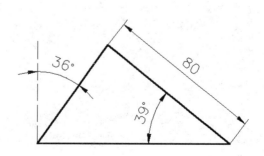

图 3.19

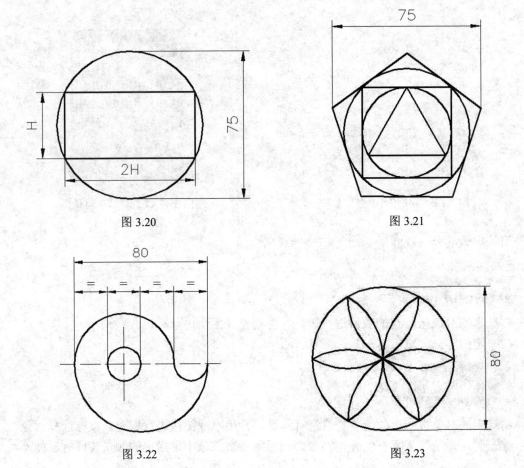

图 3.20

图 3.21

图 3.22

图 3.23

第 4 章

AutoCAD 基本编辑

4.1 复　　制

1. 功能

复制命令用于将选定的对象进行复制。复制出的对象其尺寸、形状、角度等保持不变，唯一发生改变的是对象的位置。由复制生成的对象与原对象各自独立，同样可以被编辑和使用。

2. 启动命令

通过以下三种方式启动复制命令：

（1）工具栏：单击修改工具栏上的命令按钮 °⅃ 。

（2）修改菜单：单击修改下拉菜单"修改" | "复制"。

（3）键盘输入：在命令行指示符下，输入 COPY 或 CO 或 CP，回车。

3. 命令行操作及说明

```
命令:_COPY
选择对象: 找到 1 个
选择对象:
当前设置: 复制模式 = 多个
指定基点或 [位移(D)/模式(O)] <位移>:
指定第二个点或 <使用第一个点作为位移>:
指定第二个点或 [退出(E)/放弃(U)] <退出>:
```

各选项说明：

（1）指定基点：指定复制对象的定位点，也是指定距离移动图形的第一点。

（2）指定第二点：复制移动的目标点。

（3）位移：在光标的引导方向上的移动距离。

（4）模式：选择复制的模式，即是选择只复制一个对象，还是连续复制多个对象。

4. 应用举例

【**例题 4.1**】　利用复制命令，把图 4.1 中以 A 点为圆心的圆，复制到 B、C、D 三点，效果如图 4.2 所示。

操作步骤：

```
命令: CO（启动复制命令）
COPY
选择对象: 找到 1 个
选择对象:
（回车确认对象选择完成）
当前设置: 复制模式 = 多个
```

指定基点或 [位移(D)/模式(O)] <位移>: 指定第二个点或 <使用第一个点作为位移>: （选择 A 点）
指定第二个点或 [退出(E)/放弃(U)] <退出>: （选择 B 点）
指定第二个点或 [退出(E)/放弃(U)] <退出>: （选择 C 点）
指定第二个点或 [退出(E)/放弃(U)] <退出>: （选择 D 点）
（回车确认复制命令结束）

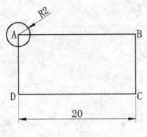

图 4.1　复制图例

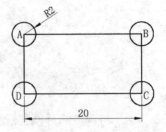

图 4.2　复制完成图

4.2　偏　　移

1. 功能

偏移命令用于将图线按照一定的距离或指定的通过点进行移动复制，移动复制所生成的对象与源对象相同或相似，并且源对象保持不变，由偏移生成的对象与源对象各自独立，同样可以被编辑和使用。

2. 启动命令

通过以下三种方式启动偏移命令：

（1）工具栏：单击修改工具栏上的命令按钮 ⌷ 。

（2）修改菜单：单击修改下拉菜单栏"修改"｜"偏移"。

（3）键盘输入：在命令行提示符下，输入 Offset 或者 O，回车。

3. 命令行操作及说明

命令: OFFSET
当前设置: 删除源=否, 图层=源, OFFSETGAPTYPE=0
指定偏移距离或 [通过(T)/删除(E)/图层(L)] <通过>: 20
选择要偏移的对象，或 [退出(E)/放弃(U)] <退出>:
指定要偏移的那一侧上的点，或 [退出(E)/多个(M)/放弃(U)] <退出>:

各选项说明：

（1）偏移距离：在距离现有对象指定的距离处创建对象。

（2）通过（T）：创建通过指定点的对象。

（3）删除（E）：偏移后将源对象删除。

（4）图层（L）：确定将便宜对象创建在当前图层上还是源对象所在的图层上。

（5）选择要偏移的对象：每次只能用点选方式选择对象，不能用窗口等方式选择对象。

（6）指定要偏移的那一侧上的点：在对象偏移的一侧点击，确定对象偏移的方向。

4. 应用举例

【例题 4.2】 利用偏移命令，完成图 4.3。

操作步骤：

用多段线命令绘制图形内圈，如图 4.4 所示。

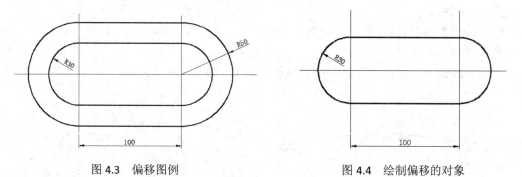

图 4.3 偏移图例　　　　　　　　　图 4.4 绘制偏移的对象

命令：_OFFSET（启动偏移命令）
当前设置：删除源=否，图层=源，OFFSETGAPTYPE=0
指定偏移距离或 [通过(T)/删除(E)/图层(L)] <通过>: 20
选择要偏移的对象，或 [退出(E)/放弃(U)] <退出>:
指定要偏移的那一侧上的点，或 [退出(E)/多个(M)/放弃(U)] <退出>:（在对象外侧点击）
选择要偏移的对象，或 [退出(E)/放弃(U)] <退出>:
（回车确认偏移命令结束）

4.3　镜　　像

1. 功能

镜像是将对象按指定的镜像线作镜像，生成的新对象与原对象对称。由镜像生成的对象与原对象各自独立的，同样可以被编辑和使用。

2. 启动命令

通过以下三种方式启动镜像命令：

（1）工具栏：单击修改工具栏上的命令按钮 ⚎。

（2）修改菜单：单击修改下拉菜单"修改"｜"镜像"。

（3）键盘输入：在命令行提示符下，输入 Mirror 或 MI，回车。

3. 命令行操作及说明

命令：_MIRROR
选择对象：指定对角点：找到 5 个
选择对象：
指定镜像线的第一点：指定镜像线的第二点：（对称轴不一定是真实的线，确定两个点即可）
要删除源对象吗?[是(Y)/否(N)] <N>:

各选项说明：

（1）指定镜像线的第一点：指定对称轴线的第一个端点。

（2）指定镜像线的第二点：指定对称轴线的第二个端点。

（3）是否删除源对象？"是（Y）/否（N）"：

否（N）：保留源对象的同时镜像复制生成对称部分。

是（Y）：镜像复制生成对称部分，同时删除源对象。

4．应用举例

【例题 4.3】 利用镜像命令，完成图 4.5。

操作步骤：

利用直线命令、圆命令等命令绘制镜像的对象，如图 4.6 所示。

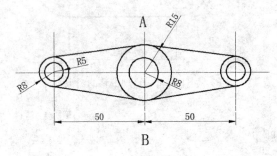

图 4.5　镜像图例

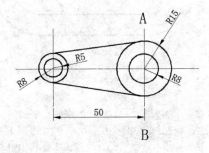

图 4.6　绘制镜像的对象

命令: _MIRROR（启动镜像命令）
选择对象: 找到 1 个
选择对象: 找到 1 个,总计 2 个
选择对象: 找到 1 个,总计 3 个
选择对象: 找到 1 个,总计 4 个
选择对象:（回车确认对象选择完成）
指定镜像线的第一点:（选择 A 点）
指定镜像线的第二点:（选择 B 点）
要删除源对象吗?[是(Y)/否(N)] <N>:（保留源对象）
（回车确认镜像命令结束）

5．关于文字的镜像

在进行镜像处理时，如果要处理文字对象，为避免镜像后的文字反向显示，可把系统变量 MIRRTEXT 的默认值从 1 改为 0，文字就不做镜像处理。MIRRTEXT=1 的镜像效果如图 4.7 所示，MIRRTEXT=0 的镜像效果如图 4.8 所示。

图 4.7　MIRRTEXT=1 的镜像效果　　　　　图 4.8　MIRRTEXT=0 的镜像效果

4.4　阵　列

1．功能

阵列命令用于一次复制生成多个呈一定规律分布的对象时非常方便快捷，尤其是复制大量并行等距排列的对象，阵列复制优于多重复制命令。阵列复制生成的对象与源对象各自是独立的，同样可以被编辑和使用。

2. 启动命令

通过以下三种方式启动阵列命令：

（1）工具栏：单击修改工具栏上的命令按钮 ⊞。

（2）修改菜单：单击修改下拉菜单栏"修改"｜"阵列"。

（3）键盘输入：在命令行提示符下，输入 AR，回车。

3. 命令行操作及说明

（1）矩形阵列。

启动阵列命令，弹出如图 4.9 所示的"阵列"对话框。

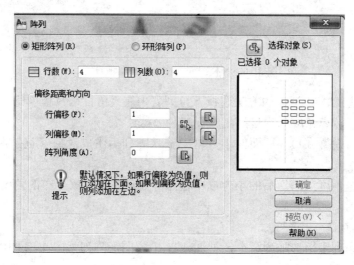

图 4.9 "阵列"对话框

矩形阵列选项说明：

1）在"行（W）"后的小方框中输入阵列后生成对象的总行数 3。

2）在"列（O）"后的小方框中输入阵列后生成对象的总列数 4。

3）"行偏移（F）"后的小方框中输入阵列后生成对象行与行之间的距离值。也可以单击其后面的"拾取行偏移"命令按钮，暂时关闭"阵列"对话框。用鼠标在绘图区指定两点，则系统会自动将两点间的距离设为列偏移。

4）"列偏移（M）"后的小方框中输入阵列后生成对象列与列之间的距离值。也可以单击其后面的"拾取列偏移"命令按钮，暂时关闭"阵列"对话框。用鼠标在绘图区指定两点，则系统会自动将两点间的距离设为列偏移。

5）"阵列角度（A）"后的小方框中输入阵列后生成的每行对象与水平方向的夹角值。

（2）环形阵列。

启动阵列命令，单击"环形阵列（P）"，将对话框切换到环形阵列方式，如图 4.10 所示。

环形阵列选项说明：

1）在"中心点："" X："" Y："后的小方框中可以输入阵列对象绕其旋转的中心点标值。

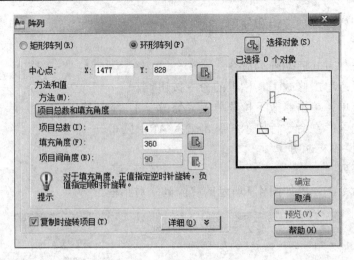

图 4.10　"环形阵列（P）"的选项设置

2）在"方法（M）"下面的方法选择下拉列表中有"项目总数和填充角度""项目角度和项目间角度""填充角度和项目间角度"三种方法。

3）在"项目总数（I）"后面的小方框中输入阵列后生成对象（包括源对象在内）的总数。

4）在"填充角度（F）"后的小方框中输入阵列后生成对象分布的角度范围。

4. 应用举例

（1）矩形阵列。

【例题 4.4】　利用矩形阵列命令，把图 4.11 中的图形阵列为图 4.12 中的图形。

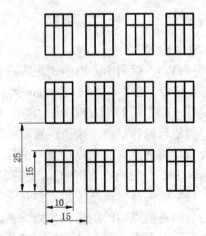

图 4.11　矩形阵列图例　　　　　　　　图 4.12　矩形阵列完成图

操作步骤：

1）绘制图形 4.9。

2）依次设置行数为 3，列数为 4，行偏移 25，列偏移 15，角度 0，选择阵列对象，设置完成"矩形阵列"对话框，如图 4.13 所示。

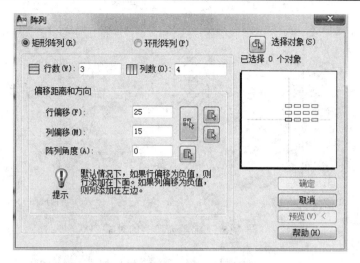

图 4.13 "矩形阵列"的选项设置

（2）环形阵列。

【例题 4.5】 利用环形阵列命令，完成图 4.14。

图 4.14 环形阵列图例

操作步骤：

1）利用直线命令、圆弧命令、填充命令、镜像命令完成图 4.15（c）。

2）依次设置中心点、方法、项目总数、填充角度，设置完成"环形阵列"对话框，如图 4.16 所示。

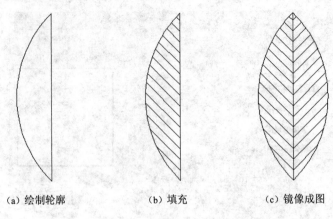

(a) 绘制轮廓　　　　　　(b) 填充　　　　　　(c) 镜像成图

图 4.15　绘制环形阵列的对象

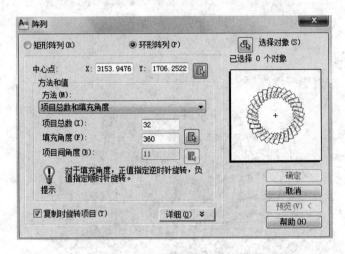

图 4.16　"环形阵列"的选项设置

4.5　移　　动

1．功能

移动命令用于调整对象在绘图区的位置。执行移动命令后原对象不被保留，使用移动命令可以调整各个对象之间的相应位置。

2．启动命令

通过以下三种方式启动移动命令：

(1) 工具栏：单击修改工具栏上的命令按钮✜。

(2) 修改菜单：单击修改下拉菜单栏"修改" | "移动"。

(3) 键盘输入：在命令提示符下，输入 M，回车。

3．命令行操作及说明

命令: _MOVE

选择对象: 找到 1 个

选择对象:

指定基点或 [位移(D)] <位移>: 指定第二个点或 <使用第一个点作为位移>:

各选项说明:

（1）选择对象：用鼠标拾取框选择要进行移动的对象。

（2）指定基点：输入基点位置。

（3）位移（D）：输入在当前方向移动的距离。

（4）指定位移的第二点或<用第一点作位移>：输入目标点位置。

4．应用举例

【例题 4.6】 利用移动命令，把图 4.17 中的标高符号从 A 点移动到 B 点，效果如图 4.18 所示。

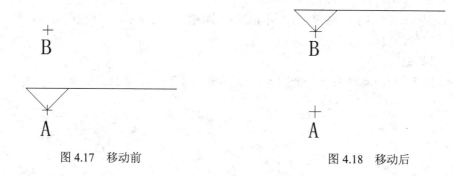

图 4.17　移动前　　　　　　　　　　　　图 4.18　移动后

操作步骤：

命令: _MOVE（启动移动命令）

选择对象: 指定对角点: 找到 2 个（选择标高符号）

选择对象:

（回车确认选择对象完成）

指定基点或 [位移(D)] <位移>:（选择 A 点）

指定第二个点或 <使用第一个点作为位移>:（选择 B 点）

（回车确认移动命令结束）

4.6　旋　　转

1．功能

旋转命令可以使对象绕某指定点旋转一定的角度重新定位。执行旋转命令后原对象不被保留。逆时针旋转角度为正，顺时针旋转角度为负。

2．启动命令

通过以下三种方式启动旋转命令：

（1）工具栏：单击修改工具栏上的命令按钮 ↻。

（2）修改菜单：单击修改下拉菜单栏"修改"｜"旋转"。

（3）键盘输入：在命令行提示符下，输入 RO，回车。

3. 命令行操作及说明

命令: _ROTATE
UCS 当前的正角方向: ANGDIR=逆时针，ANGBASE=0
选择对象: 找到 1 个
选择对象:
指定基点:
指定旋转角度,或 [复制(C)/参照(R)] <0>: 30

各选项说明:

（1）选择对象：选择旋转对象。

（2）指定基点：输入对象绕其旋转的基点位置。

（3）指定旋转角度：输入旋转角度值。

（4）复制（C）：旋转后保留原对象。

（5）参照（R）：用于将对象进行参照旋转，即指定一个参照角度和新角度，两个角度的差值就是对象的实际旋转角度。

4. 应用举例

【例题 4.7】利用旋转命令，把图 4.19 旋转成图 4.20、图 4.21。

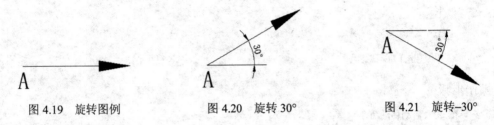

图 4.19　旋转图例　　　　图 4.20　旋转 30°　　　　图 4.21　旋转−30°

操作步骤:

命令: _ROTATE（启动旋转命令）
UCS 当前的正角方向: ANGDIR=逆时针，ANGBASE=0
选择对象: 指定对角点: 找到 1 个（选择要旋转的对象）
选择对象:
（回车确认选择对象完成）
指定基点:（选择 A 点）
指定旋转角度,或 [复制(C)/参照(R)] <330>: 30（生成图 4.20 输入 30，生成图 4.21 输入-30 或 330）

4.7　缩　放

1. 功能

缩放命令通过为对象指定缩放中心（该点在比例缩放前后位置不变），设置比例缩放因子（缩放系数），将对象放大或缩小。执行缩放命令后原对象不被保留。缩放对象可以是文字及图形。

2. 启动命令

通过以下三种方式启动缩放命令:

（1）工具栏：单击修改工具栏上的命令按钮。

（2）修改菜单：单击修改下拉菜单栏"修改" ｜ "缩放"。

（3）键盘输入：在命令行提示符下，输入 SC，回车。

3. 命令行操作及说明

命令:_SCALE
选择对象: 指定对角点: 找到 10 个
选择对象:
指定基点:
指定比例因子或 [复制(C)/参照(R)] <1.0000>:

各选项说明：

（1）比例因子：图形相对于源对象的倍数，该值大于 1，将对象放大；该值小于 1，将对象缩小。

（2）复制（C）：缩放后保留源对象。

（3）参照（R）：按参照指定的新长度缩放所选对象。分别输入两个大于 0 的实数作为参照长度和新长度，也可以在屏幕上指定两个点来确定参照长度和新长度。

4. 应用举例

【例题 4.8】 利用缩放命令，把图 4.22 缩放成图 4.23、图 4.24。

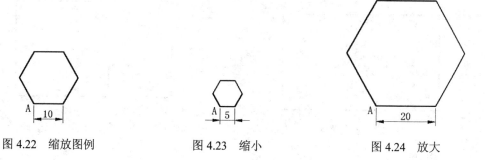

图 4.22　缩放图例　　　　图 4.23　缩小　　　　图 4.24　放大

操作步骤：

命令:_SCALE(启动缩放命令)
选择对象: 找到 1 个（选择要缩放的对象）
选择对象:
（回车确认选择对象完成）
指定基点: （选择 A 点）
指定比例因子或 [复制(C)/参照(R)] <2.0000>: 0.5（生成图 4.22，输入 0.5，生成图 4.23，输入 2）

4.8　拉　　伸

1. 功能

拉伸命令将对象单方向改变尺寸，使它拉长或缩短。在操作该命令时，必须用交叉窗口方式来选择实体。

2. 启动命令

通过以下三种方式启动拉伸命令：

（1）工具栏：单击修改工具栏上的命令按钮🔲。

（2）修改菜单：单击修改下拉菜单栏"修改"｜"拉伸"。

（3）键盘输入：在命令行提示符下，输入 S，回车。

3. 命令行操作及说明

命令: _STRETCH
以交叉窗口或交叉多边形选择要拉伸的对象...
选择对象: 指定对角点: 找到 5 个
选择对象:
指定基点或 [位移(D)] <位移>:
指定第二个点或 <使用第一个点作为位移>:

各选项说明：

（1）选择基点：选择拉伸对象的位置参照点。

（2）指定第二个点：把基点拉伸到的新位置点。

（3）位移（D）：拉伸位移，可使用绝对坐标或相对坐标。

4. 应用举例

【例题 4.9】 利用拉伸命令，使图 4.25 中的缺口部分处于图形中间位置。

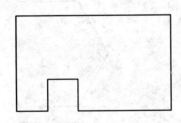

图 4.25 拉伸图例

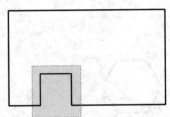

图 4.26 "交叉窗口方式"选择对象

操作步骤：

（1）启动拉长命令。

（2）用"交叉窗口方式"将缺口部分选中，如图 4.26 所示，单击右键确认。

（3）用鼠标捕捉缺口底边线的中点为"基点"，用鼠标拖动缺口右移，追踪图形的中点，如图 4.27 所示。

（4）单击鼠标左键确认，结果如图 4.28 所示。

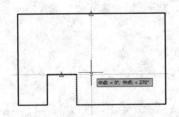

图 4.27 对象追踪基点拉伸到的位置

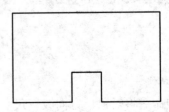

图 4.28 拉伸完成图

4.9 修 剪

1. 功能

修剪命令用于对图形对象的指定部分进行修切。通过该命令，用户可以将图形中某些线条上不需要的部分沿选定的边界剪掉，只保留另一侧需要的部分。

2. 启动命令

通过以下三种方式启动修剪命令：

（1）工具栏：单击修改工具栏上的命令按钮 -/--。

（2）修改菜单：单击修改下拉菜单"修改"｜"修剪"。

（3）键盘输入：在命令行提示符下，输入 TR，回车。

3. 命令行操作及说明

命令:_TRIM
当前设置: 投影=UCS,边=延伸
选择剪切边...
选择对象或 <全部选择>:
选择要修剪的对象,或按住 Shift 键选择要延伸的对象,或[栏选(F)/窗交(C)/投影(P)/边(E)/删除(R)/放弃(U)]:

各选项说明：

（1）栏选（F）：通过指定栏选点修剪图形对象。

（2）窗交（C）：通过指定窗交对角点修剪图形对象。

（3）投影（P）：确定修剪操作的空间。

（4）边（E）：确定修剪边的隐含延伸模式。

（5）删除（R）：确定要删除的对象。

（6）放弃（U）：用于取消上一次操作。

（7）在命令行提示"选择剪切边…选择对象："时，也可以不选择剪切边界而直接回车，然后选择剪切对象，这样表示将所有对象作为剪切边界。

（8）如果修剪对象是多线或图块，则必须炸开才可以修剪。

4. 应用举例

【例题 4.10】 利用修剪命令，把图 4.29 修剪成图 4.30。

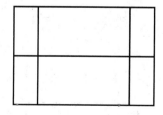

图 4.29 修剪前

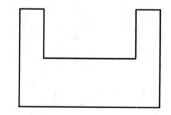

图 4.30 修剪后

操作步骤：

命令:_TRIM

当前设置:投影=UCS,边=无
选择剪切边...
选择对象或 <全部选择>:（选择修剪边界）
选择要修剪的对象,或按住 Shift 键选择要延伸的对象,或
[栏选(F)/窗交(C)/投影(P)/边(E)/删除(R)/放弃(U)]:（选择修剪对象）
（回车确认修剪结束）

4.10　延　　伸

1. 功能

延伸命令用于选择的对象延伸到指定的边界上去。先指定延伸的边界,再选择延伸的对象。该命令的使用过程中与修剪极为相似,功能也可以互相替代。

2. 启动命令

通过以下三种方式启动延伸命令:

(1) 工具栏:单击修改工具栏上的命令按钮 ─╱ 。

(2) 修改菜单:单击修改下拉菜单栏"修改" ｜ "延伸"。

(3) 键盘输入:在命行提示符下,输入 EX,回车。

3. 命令行操作及说明

命令: _EXTEND
当前设置:投影=UCS,边=延伸
选择边界的边...
选择对象或 <全部选择>:
选择要延伸的对象,或按住 Shift 键选择要修剪的对象,或
[栏选(F)/窗交(C)/投影(P)/边(E)/放弃(U)]:

各选项说明:

(1) 栏选(F)、窗交(C)、投影(P)、边(E)、删除(R)、放弃(U)等选项的含义均与剪切相同。

(2) 选择要延伸的对象,或按住 Shift 键选择要修剪的对象,此时按住 Shift 键。延伸命令变成修剪命令。

(3) 在命令行提示"选择边界的边…选择对象:"时,也可以不选择边界的边而直接回车,然后选择延伸的对象,这样表示将所有对象作为延伸边界。

4. 应用举例

【例题 4.11】 利用延伸命令,把图 4.31 延伸成图 4.32。

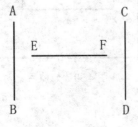

图 4.31　延伸前

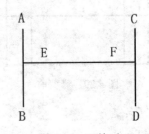

图 4.32　延伸后

操作步骤：

命令:_EXTEND
当前设置:投影=UCS,边=无
选择边界的边...
选择对象或 <全部选择>: 找到 1 个（选择直线 AB 作为延伸边界）
选择对象: 找到 1 个,总计 2 个（选择直线 CD 作为延伸边界）
选择对象:
（回车确认选择对象完成）
选择要延伸的对象,或按住 Shift 键选择要修剪的对象,或
[栏选(F)/窗交(C)/投影(P)/边(E)/放弃(U)]:（选择直线 EF 的 E 端延伸到 AB）
选择要延伸的对象,或按住 Shift 键选择要修剪的对象,或
[栏选(F)/窗交(C)/投影(P)/边(E)/放弃(U)]: （选择直线 EF 的 F 端延伸到 CD）
（回车结束延伸命令）

4.11 打 断

1. 功能

打断命令用于将对象从某一指定的点断开或删除指定的两点之间的部分。

2. 启动命令

通过以下三种方式启动打断命令：

（1）工具栏：单击修改工具栏上的命令按钮 。

（2）修改菜单：单击修改下拉菜单栏"修改"｜"打断"。

（3）键盘输入：在命令行提示符下，输入 BR，回车。

3. 命令行操作及说明

命令:_BREAK
选择对象:
指定第二个打断点或[第一点(F)]:

各选项说明：

（1）选择对象：选择对象并默认选择点为第一打断点。

（2）指定第二个打断点或[第一点（F）]：选择第二个打断点，或输入 F 回车重新指定第一个打断点。

（3）对于封闭对象执行该命令，打断部分为第一点到第二点逆时针旋转的部分，所以在选择第一点和第二点时应注意顺序。

（4）在"指定第二个打断点："提示时，输入"@"则表示第二个打断点与第一个打断点是同一个点，即起到"打断于点"的作用。

4. 应用举例

【例题 4.12】 利用打断命令将图 4.33 中的门洞打开。

操作步骤：

命令:_BREAK
选择对象:（选择要打断的对象,且选择点为默认的第一个打断点）

指定第二个打断点或[第一点(F)]:F（由于选择对象时很难精确到第一个打断点，所以一般要重新制定第一个打断点）

指定第一个打断点:（指定第一个打断点）
指定第二个打断点:（指定第二个打断点）

重复打断命令打断其余两条门洞线处的线段，结果如图 4.34 所示。

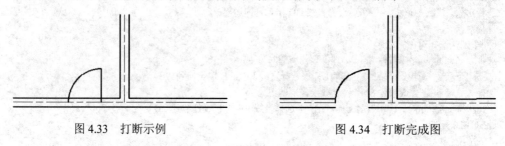

图 4.33　打断示例　　　　　　　　　　　　图 4.34　打断完成图

4.12　倒　　角

1. 功能

倒角命令用于在不平行的两条直线形线条间形成倒角（一条斜线）过渡。

2. 启动命令

通过以下三种方式启动倒角命令：

（1）工具栏：单击修改工具栏上的命令按钮 ◻。

（2）修改菜单：单击修改下拉菜单栏"修改" | "倒角"。

（3）键盘输入：在命令行提示符下，输入 CHA，回车。

3. 命令行操作及说明

命令:_CHAMFER
（"修剪"模式）当前倒角距离 1＝4.0000,距离 2＝4.0000
选择第一条直线或 [放弃(U)/多段线(P)/距离(D)/角度(A)/修剪(T)/方式(E)/多个(M)]:
选择第二条直线,或按住 Shift 键选择要应用角点的直线:

各选项说明：

（1）多段线（P）：整条二维多段线一次完成倒角。

（2）距离（D）：设置两个方向的倒角距离。

（3）角度（A）：设置倒角角度。

（4）修剪（T）：选择是否删除顶角。

（5）方式（E）：更换倒角的模式，可以在距离模式和角度模式之间切换。

（6）多个（M）：可以连续倒角操作，直至回车确认倒角完成。

4. 应用举例

【例题 4.13】 已绘制图 4.35，利用倒角命令完成图 4.36。

操作步骤：

命令:_CHAMFER（启动倒角命令）
（"修剪"模式）当前倒角长度 ＝3.0000,角度 ＝45

选择第一条直线或 [放弃(U)/多段线(P)/距离(D)/角度(A)/修剪(T)/方式(E)/多个(M)]: d
指定第一个倒角距离 <4.0000>: 4
指定第二个倒角距离 <4.0000>:4
选择第一条直线或 [放弃(U)/多段线(P)/距离(D)/角度(A)/修剪(T)/方式(E)/多个(M)]:
选择第二条直线，或按住 Shift 键选择要应用角点的直线:
（回车确认倒角命令结束）

利用倒角命令完成其他三个角的倒角，结果如图 4.36 所示。

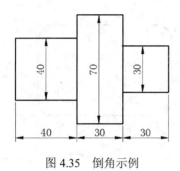

图 4.35　倒角示例

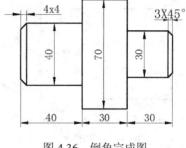

图 4.36　倒角完成图

4.13　圆　　角

1. 功能

圆角命令用于在两条线条间形成圆角（一条过渡圆弧）过渡。

2. 启动命令

通过以下三种方式启动圆角命令：

（1）工具栏：单击修改工具栏上的命令按钮 ⬜。

（2）修改菜单：单击修改下拉菜单栏"修改"｜"圆角"。

（3）键盘输入：在命令行提示符下，输入 F，回车。

3. 命令行操作及说明

命令: _FILLET
当前设置: 模式 = 修剪,半径 = 5.0000
选择第一个对象或 [放弃(U)/多段线(P)/半径(R)/修剪(T)/多个(M)]:
选择第二个对象,或按住 Shift 键选择要应用角点的对象:

各选项说明：

（1）多段线（P）：在二维多段线中两条线段相交的每个顶点处插入圆弧角。

（2）半径（R）：定义圆弧角的半径。

（3）修剪（T）：选择是否删除顶角。

（4）多个（M）：可以连续圆角操作，直至回车确认倒角完成。

4. 应用举例

【例题 4.14】 已绘制图 4.37，利用圆角命令完成图 4.38。

操作步骤：

命令: _FILLET（启动圆角命令）
当前设置: 模式 = 修剪,半径 = 1.0000
选择第一个对象或 [放弃(U)/多段线(P)/半径(R)/修剪(T)/多个(M)]: R（改变圆角半径）
指定圆角半径 <1.0000>: 5（输入圆角半径）
选择第一个对象或 [放弃(U)/多段线(P)/半径(R)/修剪(T)/多个(M)]: P（多段线一次圆角完成）
选择二维多段线:
4 条直线已被圆角

圆角命令结束，结果如图 4.38 所示。

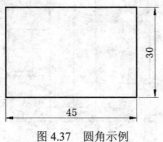

图 4.37　圆角示例

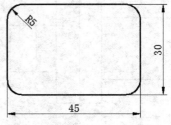

图 4.38　圆角完成图

练　习　题

1. 按尺寸 1∶1 绘制图 4.39、图 4.40。

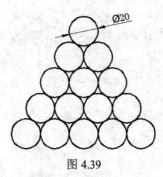

图 4.39

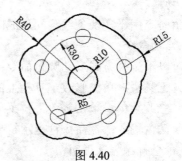

图 4.40

2. 绘制图 4.41，图形尺寸及主要绘图步骤如图 4.42 所示。

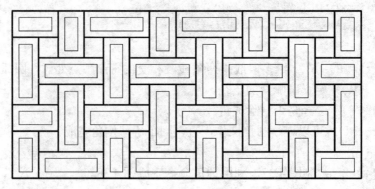

图 4.41　组合丁字块

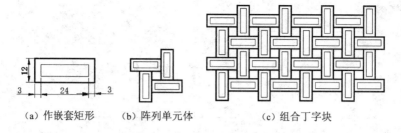

| （a）作嵌套矩形 | （b）阵列单元体 | （c）组合丁字块 |

图 4.42　组合丁字块尺寸及绘制步骤

3．按尺寸 1∶1 绘制图 4.43～图 4.46。

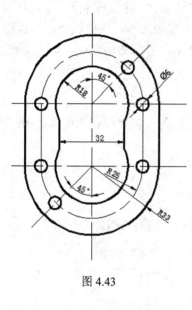

图 4.43

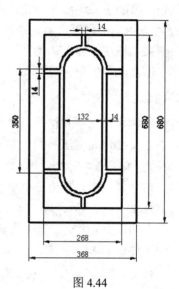

图 4.44

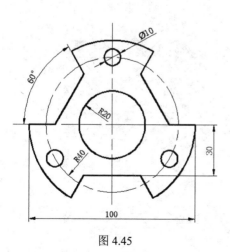

图 4.45

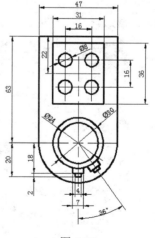

图 4.46

第 5 章

文 字 与 表 格

5.1 文 字 标 注

文字是图纸的重要组成部分，表达了图纸上的重要信息，比如技术要求、设计说明等。AutoCAD 可以为图形进行文本标注和说明，对于已标注的文本，还提供相应的编辑命令，使得绘图中文本标注能力大为增强。在图形上添加文本，考虑的是字体、文本信息、文字比例、文本的类型和位置。

5.1.1 文字样式

文字样式包含了文字和格式，是定义文本标注时的各种参数和表现形式，用户可以在字体样式中定义字体高度等参数，并命名保存。

1. 启动"文字样式"对话框

启动对话框有以下三种方法：

（1）下拉菜单："格式"｜"文字样式"。

（2）单击如图 5.1 所示"文字"或"样式"工具栏上的命令图标▲。

（3）命令行：STYLE（ST）。

图 5.1 "文字"工具栏与"样式"工具栏

启动对话框后，弹出的"文字样式"对话框如图 5.2 所示。

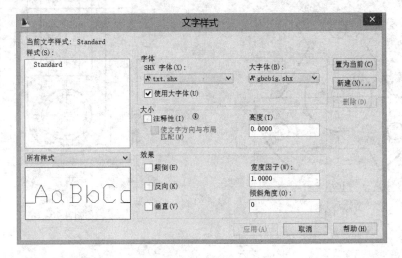

图 5.2 "文字样式"对话框

在"文字样式"对话框中，用户可以方便地管理文字样式，例如新建、删除、重命名文字样式，也可以调整文字样式的特性，如设置文字样式的字体、高度等。

2. "文字样式"对话框中各选项的作用

（1）按钮区。

置为当前：将在"样式"列表中选择的文字样式设置为当前文字样式。

新建：创建新的文字样式，单击弹出"新建文字样式"对话框，如图 5.3 所示。输入新的样式名然后单击"确定"按钮。新建的样式名称显示在样式列表中，并为当前样式名。

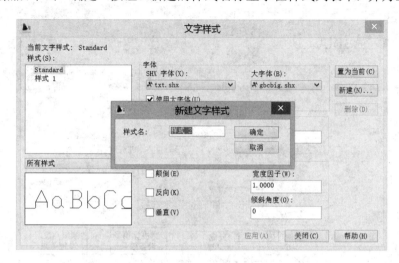

图 5.3 "新建文字样式"对话框

删除：删除在"样式"列表区选择的文字样式，但不能删除当前文字样式，以及已经用于图形中文字的文字样式。

应用：在修改了文字样式的某些参数后，该按钮变为有效。单击该按钮，可使设置生效，并将所选文字样式设置为当前文字样式。

（2）"字体"设置区。

"SHX 字体"下拉列表：通过该选项可以选择文字样式的字体类型。默认情况下，使用大字体复选框被选中，此时只能选择扩展名为".shx"的字体文件。

"大字体"下拉列表：为亚洲语言设计的大字体文件，例如，"gbcbig.txt"代表简体中文字体，"bigfont.txt"代表日文字体等。

"使用大字体"复选框：如果取消该复选框，"SHX 字体"下拉列表将变为"字体名"下拉列表，此时可以在其下拉列表中选择".shx"字体或"TrueType"字体，如宋体、仿宋体等各种汉字字体，如图 5.4 所示效果。

（3）"大小"设置区。

"高度"编辑框：设置文字样式的默认高度，其缺省值为 0。

"注释性"复选框：选中该复选框，表示使用此文字样式创建的文字支持使用注释比例，如图 5.5 所示。

（4）"效果"设置区。如图 5.6 所示，可根据需要进行设置。

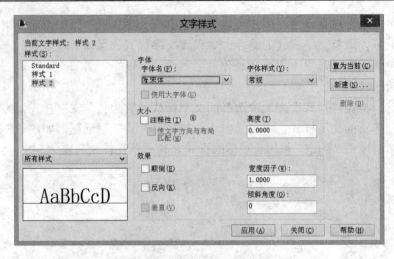

图 5.4 字体效果

图 5.5 "注释性"复选框

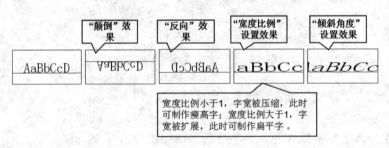

图 5.6 "效果"设置

5.1.2 单行文字

可以使用单行文字创建一行或多行文字，其中，每行文字都是独立的对象，可对其进行重定位、调整格式或进行其他修改。其主要用来创建简短的文字项目，例如，标题栏中的信息。

1. 启动单行文字命令的方式

（1）下拉菜单："绘图" | "文字" | "单行文字"。

（2）单击"文字"工具栏上的命令图标 AI 。

（3）命令行：DTEXT 或 TEXT（DT）。

2. 命令行提示及操作

命令:_DTEXT
当前文字样式："Standard"
文字高度: 2.5000
注释性: 否
指定文字的起点或 [对正(J)/样式(S)]:

下面分别对命令行进行说明。

（1）指定文字的起点：默认情况下可以用任意方式指定一点，作为该行文字的基线起点，也称为该行文字的插入点、基点等。下一步如下：

指定高度 <2.5000>:
指定文字的旋转角度 <0>:

在绘图区将会出现一个文字插入框，输入文字内容。可重新指定另一起点，或回车另起一行，每行文字自成整体。

（2）对正（J）。创建文字时，可以使它们对齐。即根据下图所示的对齐选项之一对齐文字。左对齐是默认选项。

图 5.7　定位线

指定文字的起点或 [对正(J)/样式(S)]: J 输入选项
[对齐(A)/布满(F)/居中(C)/中间(M)/右对齐(R)/左上(TL)/中上(TC)/右上(TR)/左中(ML)/正中(MC)/右中(MR)/左下(BL)/中下(BC)/右下(BR)]:

在 AutoCAD 中为文字定义了四条定位线，顶线、中线、基线、底线，如图 5.7 所示。各选项的意义见表 5.1。

表 5.1　　　　　　　　　　　对正（J）选项各种对正排列方式的意义

选　项	选　项　意　义
对齐（A）	通过指定基线端点来指定文字的高度和方向，字符的大小根据其高度按比例调整
布满（F）	调整定位方式。指定文字按照由两点定义的方向和一个高度值布满一个区域
居中（C）	中点定位方式，从基线的水平中心对齐文字
中间（M）	中线中点定位方式，文字在基线的水平中点和指定高度的垂直中点上对齐
右对齐（R）	向右对齐定位方式，在由用户给出的点指向的基线上右对正文字
左上（TL）	顶线左终点对齐方式
中上（TC）	顶线中点对齐方式
右上（TR）	顶线右终点对齐方式
左中（ML）	将指定的点作为该行文字中线的左端点对齐方式
正中（MC）	将指定的点作为该行文字中线的中心点对齐方式
右中（MR）	将指定的点作为该行文字中线的右端点对齐方式
左下（BL）	将指定的点作为该行文字底线的左端点对齐方式
中下（BC）	将指定的点作为该行文字底线的中心点对齐方式
右下（BR）	将指定的点作为该行文字底线的右端点对齐方式

（3）样式（S）。该选项确定标注文本时所采用的文字样式，当使用的样式不支持汉字显示时，所输入的文字在图形中显示为一串"？"。

命令行提示：

输入样式名或 [?] <Standard>:
输入样式名或 [?] <Standard>: ?
输入要列出的文字样式 <*>: *

可直接输入样式名称，回车。或者输入"？"后回车，再输入"*"回车，弹出 AutoCAD 文本窗口，如图 5.8 所示。文本窗口显示已有的文字样式及当前文字样式。

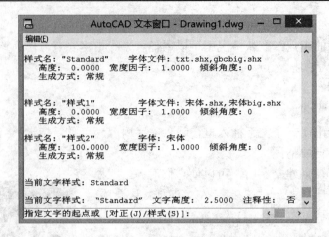

图 5.8 AutoCAD 文本窗口

更快捷的方式是在样式工具栏打开样式列表选择想用的样式，为当前样式，如图 5.9 所示，再启动单行文字命令。

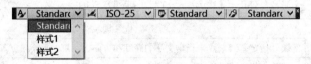

图 5.9 样式工具栏

5.1.3 多行文字

用单行文字命令虽然也可以标注多行文字，但换行时定位及行列对齐比较困难，且标注结束后，每行文本都是一个单独的实体，不易编辑。多行文字用于创建或修改多行文字对象，还可以从其他文件中输入或粘贴文字。多行文字对象包含一个或多个文字段落，可作为单一对象处理。

1. 启动多行文字命令的方式

（1）下拉菜单："绘图" | "文字" | "多行文字"。

（2）单击"文字"工具栏上的命令图标 **A**。

（3）命令行：MTEXT（MT）。

2. 命令行提示及操作

命令: _MTEXT
当前文字样式: "Standard"
文字高度: 2.5
注释性: 否
指定第一角点:
指定对角点或 [高度(H)/对正(J)/行距(L)/旋转(R)/样式(S)/宽度(W)/栏(C)]:

可以直接指定多行文字的对角点，也可以输入各选项执行相应的功能，各选项的意义见表 5.2。

表 5.2 多行文字各选项意义

选 项	选 项 意 义
高度（H）	用于设置字符高度
对正（J）	设置对齐方式
行距（L）	设置多行文字的行距
旋转（R）	用于设置多行文字的倾斜角度
样式（S）	用于指定多行文字的文字样式
宽度（W）	设置文字区域宽度
栏（C）	设置文字区域宽度、高度、栏间距；也可将文字分栏编辑

启动命令后的多行文字编辑器如图 5.10 所示，这里"文字格式"工具栏可以直接的设置文字对齐方式、行距、特性等，更为方便。矩形区域只限制了多行文字的行宽，行数不受矩形区域高度限制，且只对单词和文字起作用，对中间无间隔的字符串不起作用。

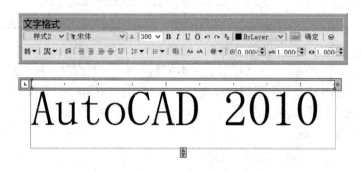

图 5.10 多行文字编辑器

注意：

（1）输入多种规格文字：对于多行文本而言，其各部分文字可以采用不同的字体、高度和颜色等。如果希望调整部分已输入文字的特性，应首先通过拖动方法选中部分文字，然后利用"文字格式"工具栏进行设置。

（2）粗体与斜体：单击粗体按钮 **B** 和斜体按钮 *I*，可为新输入文字或选定文字打开或关闭粗体或斜体格式。不过，这两个选项仅适用于使用"TrueType"字体的字符。

（3）输入分数或公差：单击 ⓑ 工具，可以将所选文字创建为堆叠文字。创建堆叠文字时，应首先输入分别作为分子（或公差上界）和分母（或公差下界）的文字，其间使用"/""#"或"^"分隔，然后选择这一部分文字，单击 ⓑ 工具。

（4）插入字段：输入多行文字时，还可以将字段插入到任意文字对象中，以便在图形或图纸集中显示要更改的数据。

（5）设置段落缩进和段落宽度：利用文字编辑区上方的标尺可调整段落文字的首行缩进、段落缩进和段落宽度。

（6）使用制表位对齐：默认情况下，文字编辑区上方的标尺中已设置了一组标准的制表位，即每按一下 Tab 键，光标自动移动一定的间距，从而对齐数据。

5.1.4　特殊字符

在实际工程绘图中常要用到一些特殊符号如上划线、下划线、角度符号、正负号等，在单行文字时无法直接输入，可直接输入这些符号的代码。代码一般由两个百分比符号（%%）和一个字母组成，此外，用户还可利用"\U+代码"输入任何符号。表 5.3 中列出了常用的特殊字符及其代码。

表 5.3　　　　　　　　　　　　　常用的特殊字符及其代码

输入代码	对应字符	输入代码	对应字符
%%c	直径符号（∅）	\U+2220	角度符号（∠）
%%p	正负符号（±）	\U+2248	几乎相等（≈）
%%%	百分号（%）	\U+2260	不相等（≠）
%%d	度数符号（°）	\U+00B2	上标 2（²）
%%o	上划线（‾）	\U+2082	下标 2（₂）
%%u	下划线（_）		

输入多行文字时，用户可以方便地输入特殊符号，只要单击图 5.10 中"文字格式"工具栏中的符号 @▼ 按钮，或者将光标置于文本编辑器中要添加符号的位置，然后点击鼠标右键，选择"符号（S）"，弹出字符快捷菜单，如图 5.11 所示。如果其中没有自己所需要的符号，可以点选快捷菜单底部的"其他（O）…"，弹出"字符映射表"对话框，如图 5.12所示。

全部选择(A)	Ctrl+A		
剪切(T)	Ctrl+X		
复制(C)	Ctrl+C	度数(D)	%%d
粘贴(P)	Ctrl+V	正/负(P)	%%p
选择性粘贴	▶	直径(I)	%%c
插入字段(L)…	Ctrl+F	几乎相等	\U+2248
符号(S)	▶	角度	\U+2220
输入文字(T)…		边界线	\U+E100
段落对齐	▶	中心线	\U+2104
段落…		差值	\U+0394
项目符号和列表	▶	电相角	\U+0278
分栏	▶	流线	\U+E101
查找和替换…	Ctrl+R	恒等于	\U+2261
改变大小写(H)	▶	初始长度	\U+E200
自动大写		界碑线	\U+E102
字符集	▶	不相等	\U+2260
合并段落(O)		欧姆	\U+2126
删除格式	▶	欧米加	\U+03A9
背景遮罩(B)…		地界线	\U+214A
编辑器设置	▶	下标 2	\U+2082
了解多行文字	▶	平方	\U+00B2
取消		立方	\U+00B3
		不间断空格(S)	Ctrl+Shift+Space
		其他(O)…	

图 5.11　字符快捷菜单

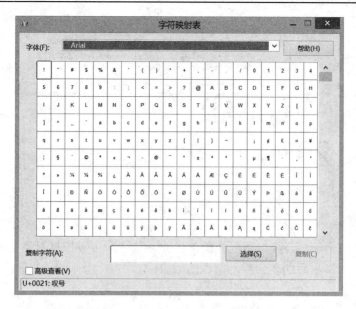

图 5.12　"字符映射表"对话框

5.1.5　标注文字编辑

AutoCAD 2010 的文本编辑功能十分强大，而且提供了多种编辑文本的命令，如"文字编辑"命令、"多行文字编辑器"对话框、"对象特性"选项板、快捷菜单和夹点编辑功能等。

1.　"文字编辑"命令编辑文字

启动命令有以下几种方式：

（1）下拉菜单："修改" | "对象" | "文字" | "编辑"。

（2）单击"文字"工具栏上的命令图标 。

（3）命令行：DDEDIT（ED）。

2.　命令行提示及操作

命令:_DDEDIT
选择注释对象或 [放弃(U)]:

用户可以按提示直接选取要编辑的文字对象。单行文字的"文字编辑"对话框如图 5.13 所示，多行文字的"多行文字编辑器"对话框如图 5.14 所示，用户可以修改或者在对话框中输入新的内容，单击"确定"完成编辑。

图 5.13　"文字编辑"对话框

3.　用"特性"命令编辑文字

启动命令有以下几种方式：

（1）下拉菜单："修改" | "特性"。

（2）单击"标准"工具栏上的命令图标 。

（3）在键盘上同时按下快捷键 Ctrl+1。

（4）命令行：DDMODIFY。

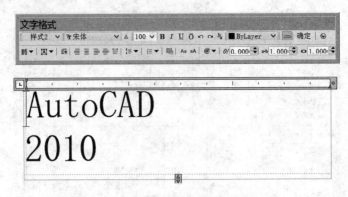

图 5.14　"多行文字编辑器"对话框

"特性"命令启动后，其对话框如图 5.15 所示。用户可以根据对话框的列表内容进行相应的修改，输入参数后回车会显示修改的效果。

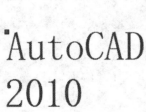

图 5.15　"特性"对话框

4. 直接双击要编辑的文本

在命令行为"命令"状态下，用鼠标左键直接双击单行文字标注或多行文字标注，则弹出与之对应的"文字编辑"对话框，如图 5.13 所示；或"多行文字编辑器"对话框，如图 5.14 所示。用户可在对话框中修改内容。

5. 查找与替换

用于查找和替换图形中的文字，常用于对大批量的文本同时进行修改，提高文本编辑的效率。查找与替换的基本命令是 FIND。

启动 FIND 命令有以下几种方式：

（1）下拉菜单："编辑" | "查找"。

（2）单击"文字"工具栏上的命令图标 ，。

（3）命令行：FIND。

启动 FIND 命令弹出的"查找与替换"对话框，如图 5.16 所示。输入查找的文字和替换的文字。查找位置可以选择查找的范围，或者点击选择对象按钮 在图形窗口中选择图形实体。点击更多选项按钮 可以打开设置查找的其他选项。

图 5.16 "查找与替换"对话框

5.2 表 格

5.2.1 表格样式

启动对话框有以下两种方法：

（1）下拉菜单："格式" | "表格样式"。

（2）单击"样式"工具栏上的命令图标 。

弹出"表格样式"对话框，如图 5.17 所示。其中，"样式"列表框中列出了满足条件的表格样式；"预览"图片框中显示出表格的预览图像，"置为当前"和"删除"按钮分别用于将在"样式"列表框中选中的表格样式置为当前样式、删除选中的表格样式；"新建""修改"按钮分别用于新建表格样式、修改已有的表格样式。

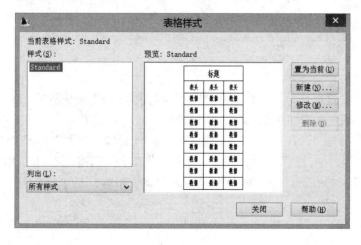

图 5.17 "表格样式"对话框

单击"表格样式"对话框中的"新建"按钮，AutoCAD 弹出"创建新的表格样式"对话框，如图 5.18 所示。

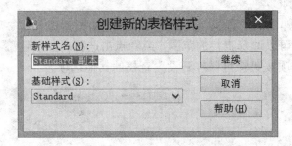

图 5.18 "创建新的表格样式"对话框

通过对话框中的"基础样式"下拉列表选择基础样式，并在"新样式名"文本框中输入新样式的名称后（如输入"表格 1"），单击"继续"按钮，AutoCAD 弹出"新建表格样式"对话框，如图 5.19 所示。

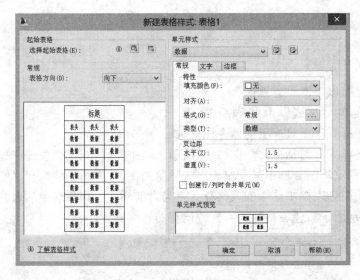

图 5.19 "新建表格样式"对话框

对话框中，左侧有起始表格、表格方向下拉列表框和预览图像框三部分。其中，起始表格用于使用户指定一个已有表格作为新建表格样式的起始表格。表格方向列表框用于确定插入表格时的表方向，有"向下"和"向上"两个选择。"向下"表示创建由上而下读取的表，即标题行和表头行位于表的顶部；"向上"则表示将创建由下而上读取的表，即标题行和表头行位于表的底部。图像框用于显示新创建表格样式的表格预览图像，如图 5.19 所示。

5.2.2 插入表格

启动对话框有以下两种方法：

（1）下拉菜单："绘图" | "表格"。

（2）命令行：TABLE。

弹出"插入表格"对话框，如图5.20所示。此对话框用于选择表格样式，设置表格的有关参数。其中，"表格样式"选项用于选择所使用的表格样式。"插入选项"选项组用于确定如何为表格填写数据。预览框用于预览表格的样式。"插入方式"选项组设置将表格插入到图形时的插入方式。"列和行设置"选项组则用于设置表格中的行数、列数以及行高和列宽。"设置单元样式"选项组分别设置第一行、第二行和其他行的单元样式。通过"插入表格"对话框确定表格数据后，单击"确定"按钮，而后根据提示确定表格的位置，即可将表格插入到图形，且插入后 AutoCAD 弹出"文字格式"工具栏，并将表格中的第一个单元格醒目显示，此时就可以向表格输入文字，如图5.21所示。

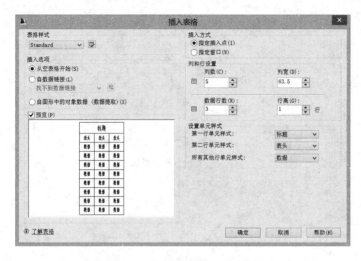

图5.20 "插入表格"对话框

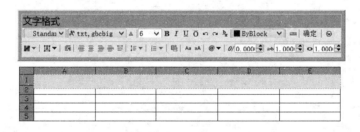

图5.21 "文字格式"工具栏

练　习　题

1. 练习设置文字样式和文字注写。

2. 练习文字的编辑，特殊符号的输入。

3. 练习设置表格样式。

4．创建一个如图 5.22 所示的明细表，来进一步熟悉表格的创建与编辑方法和技巧。

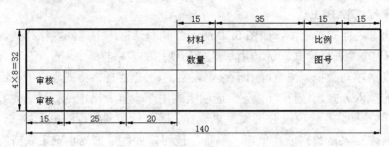

图 5.22　明细表

第 6 章

图案填充与图块

6.1 图 案 填 充

在绘图过程中有时需要给图形填入一些图案,比如园路、门窗、墙面等多种类型的填充图案,应用 AutoCAD 填充图案时可以设置图案的颜色、角度、比例等参数,极大地方便了 CAD 设计工作者,帮助用户设计更加丰富的 CAD 图纸。

AutoCAD 填充图案必须填充在封闭的线条区域内。且封闭的边界线条只能画一次,不能重复绘制,图案填充后还可以通过编辑命令进行修正。

6.1.1 创建图案填充

启动图案填充命令有以下三种方法:

(1)下拉菜单:"绘图" | "图案填充"。

(2)单击"绘图"工具栏上的命令图标▨。

(3)命令行:HATCH(H)。

弹出如图 6.1 所示的"图案填充"对话框。在图案填充选项卡下单击图案(P)后面的 ⋯ 按钮,弹出如图 6.2 所示的"填充图案选项板"对话框。在该对话框中,不同选项卡下列有各种预定义的图案,选择一个图案并返回边界图案填充对话框。单击边界"添加:拾取点"命令按钮,返回绘图区,在需要填充图案的封闭线条内部单击左键,拾取的封闭边界以虚线状态显示。如果系统搜索不到封闭的边界,将会提示"边界未闭合",必须对边界进行检查,完全封闭后再进行填充操作。

在角度下拉列表中可以设置填充图案的旋转角度。在比例下拉列表中可以设置填充图案的比例缩放系数,用于控制填充图案的尺寸大小。数值越大,填图形越稀疏。

设置好之后点击"确定"按钮,完成图案填充操作。如果要进行纯色填充,就在图案填充选项板中选择"其他预定义"中的"SOLID"图案。

6.1.2 编辑图案填充

运用 HATCHEDIT 命令可以对已经填充好的图案进行修改。

启动编辑图案填充命令有以下四种方法:

(1)快捷菜单。选中要编辑修改的填充图案,单击右键,在弹出的快捷菜单中选择"图案填充编辑"命令。

(2)双击鼠标。用鼠标双击需要进行编辑修改的填充图案。

(3)键盘输入。在命令行提示符下输入 HATCHEDIT(HE),回车,再用鼠标选择要进行编辑修改的填充图案。

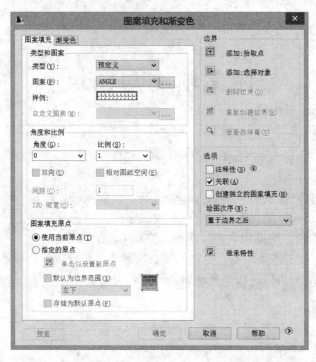

图 6.1 "图案填充"对话框

图 6.2 "填充图案选项板"对话框

（4）"特性"面板。选中要编辑修改的填充图案，点选特性面板上对应的内容进行编辑。

前三种都可以调出"图案填充编辑"对话框，如图 6.3 所示，可以在该对话框中对填充图案进行修改编辑。

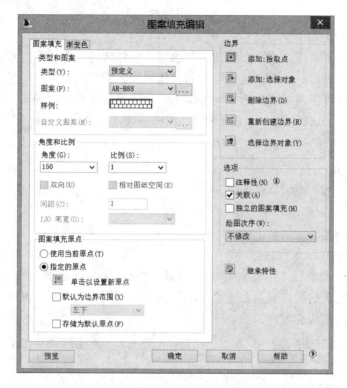

图 6.3 "图案填充编辑"对话框

第四种操作是在如图 6.4 所示的"特性"面板上进行的，选中要进行编辑修改的填充图案，然后直接在其图案选项部分对填充图案进行编辑修改。

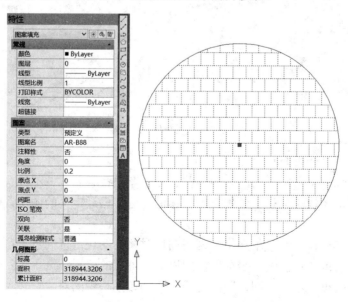

图 6.4 图案"特性"编辑框

6.2 图 块

图块是将多个实体组合成一个整体，并给这个整体命名保存，在以后的图形编辑中图块就被视为一个实体。一个图块包括可见的实体如线、圆、圆弧以及可见或不可见的属性数据。图块的运用可以帮助用户更好地组织工作，快速创建与修改图形，减少图形文件的大小。AutoCAD 中图块分为外部图块和内部图块两类，因此定义图块也有两种方法。

6.2.1 块的创建

1. 创建内部块

启动创建块命令有以下三种方法：

（1）下拉菜单："绘图" | "块" | "创建"。

（2）单击"绘图"工具栏上的命令图标 。

（3）命令行：BLOCK（B）。

启动 BLOCK 命令后，弹出如图 6.5 所示的"块定义"对话框，在该对话框完成块的定义。用此方法定义的图块只能在定义图块的图形中调用，而不能在其他图形中调用，因此用此方法定义的图块称为内部块。

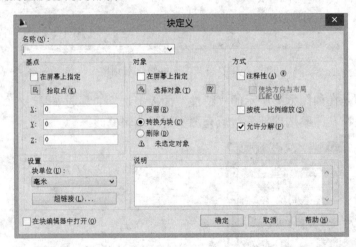

图 6.5 "块定义"对话框

2. "块定义"对话框介绍

（1）名称：输入将要定义的图块的名称。每个图块都有名称，不能有重复，否则新定义的图块会覆盖旧图块。选择"名称"下复选框中选择已经定义的图块，可以对该图块重新定义。

（2）基点复选框：基点是用户将来调用图块时，为图块定位的点。可用鼠标点击拾取点在绘图区指定，或者直接输入坐标值，用以确定基点的位置。

（3）对象复选框：用于返回绘图区选择定义到该图块中的对象。

完成上述操作，单击"确认"按钮，完成图块的定义。

3. 创建外部块

使用 WBLOCK（写块）命令创建的图块，是被作为一个独立的图形文件存储的，可以随时被其他的 AutoCAD 图形文件调用，所以被称为"外部块"。

启动 WBLOCK 命令，在命令行输入 WBLOCK，回车。将会弹出如图 6.6 所示的"写块"对话框，在该对话框完成写块的操作。

图 6.6 "写块"对话框

"写块"对话框各选项的功能如下。

（1）源复选框。

"块"：可以选择用"创建块"命令定义的图块，将其存储为一个独立的完整的图形文件，可以被其他 AutoCAD 图形文件调用。

"整个图形"：用当前图形文件上的所有对象建立一个图块。

"对象"：用于返回绘图区选择定义到该图块中的对象。

（2）目标复选框。

"文件名和路径"：输入所要存储的图块的名称和路径。

"插入单位"：默认为毫米。

完成上述操作，单击"确认"按钮，完成"写块"的定义。

6.2.2 图块的调用

定义和保存图块的目的就是为了重复使用块，将其放到图形文件上指定的位置，这就需要调用块，包括"内部块"和"外部块"皆可通过"插入"图块的方式实现。插入图块的命令是 INSERT。

启动图块有以下三种方法：

（1）下拉菜单："插入" | "块"。

（2）单击"绘图"工具栏上的命令图标 。

（3）命令行：INSERT（I）。

启动 INSERT 命令后，弹出如图 6.7 所示的"插入"对话框来实现插入图块。

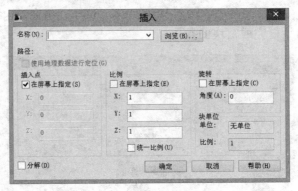

图 6.7 "插入"对话框

选择要插入的块的名称，用鼠标在屏幕上指定插入点，根据需要进行缩放、旋转、是否分解等操作。

6.2.3 块属性的定义

块属性就是在图块上附加一些文字属性，比如高程、标记、价格等，这些文字可以非常方便地修改。这样图块的使用范围就扩大了。

定义图块属性的命令是 ATTDEF，在此之前应先生成图块的图形部分。

1. 启动 ATTDEF 命令的方法

（1）下拉菜单："绘图"｜"块"｜"定义属性"。

（2）命令行：ATTDEF（ATT）。

启动 ATTDEF 命令后，弹出如图 6.8 所示的"属性定义"对话框来实现对图块属性的定义。

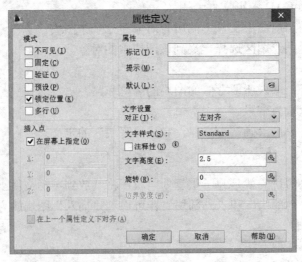

图 6.8 "属性定义"对话框

2. "属性定义"对话框各部分功能

（1）模式复选框。

不可见：控制所设置的属性值在图块插入后是否可见。

固定：为属性设置一个常量值，用户不能编辑常量值属性。

验证：控制图块插入时是否提示用户验证图块的属性值。

预设：预设属性值，插入预设属性的图块，系统自动填写属性值。

锁定位置：锁定块参照中属性的位置。

多行：可以指定属性的边界宽度。

（2）属性区域。

标记：用来确定属性的位置、大小，必须填写，不能包含空格。

提示：在要求输入属性时，系统给出的提示。可以自行设置，如果不填写，系统会以属性标记作为提示。

默认：插入图块后显示的属性值，可以先不填写，在要求时再输入，也可以输入一个使用频率比较高的属性值作为默认值。

（3）插入复选框。

在屏幕上指定：选择该方式，可以用鼠标在图形上指定属性值的位置。取消选项，则可以直接输入属性值位置的坐标值。

（4）文字选项复选框。

通过"对正"下拉列表选择属性值的对齐方式。

通过"文字样式"选择属性值的文字样式。

通过"文字高度"确定属性值文本的高度，若选择的"文字样式"中指定了文字的高度，则该选项不可用。

通过"旋转"设置属性值的旋转角度。

练 习 题

1. 按图 6.9～图 6.11 练习填充命令的使用。

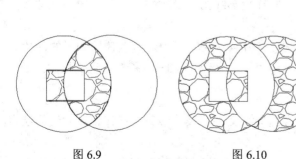

图 6.9　　　　　　图 6.10

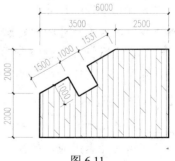

图 6.11

2. 练习内部块和外部块的创建以及调用。

3. 练习块属性的定义。

第7章

尺 寸 标 注

7.1 尺寸标注的规则和要素

标注是建筑设计、工程施工的重要依据，包括尺寸标注、通用注释和其他批注信息。准确无误地给图形文件进行尺寸标注，可反映出实体的形状大小及各实体之间的位置关系。

7.1.1 尺寸标注的规则

在 AutoCAD 中提供了许多标注对象及设置标注格式的方法，允许用户在各个方向上为各类对象创建各种不同的尺寸标注。为了正确地使用尺寸标注，在设计尺寸标注样式和创建尺寸标注前，应先了解尺寸标注的规则。

在 AutoCAD 2010 中对绘制的图形进行尺寸标注时应遵循如下规则：

（1）尺寸线应用细实线绘制，与被标注对象平行；延伸线应用细实线绘制，一般与被标注注长度垂直。

（2）图样所示物体的真实大小应以图样上标注的尺寸为依据，与图形的比例及绘图的准确性无关。

（3）图样中同一个结构的尺寸，在图形中只能标注一次，并应标注在反映该结构最清晰的部位上。重复的结构可以标注它们的数量。

（4）图样中所示的尺寸应为该图样所示物体的成品尺寸，否则应当加以说明。

（5）图样中的尺寸（包括技术要求和其他说明）以毫米（mm）为单位时，不需要标注计量单位的代号或名称。如果采用其他计量单位，则需注明计量单位的代号或名称，如厘米、度等。

（6）互相平行的尺寸线，应从被标注的图样轮廓线由近及远整齐排列，较小尺寸应离轮廓线较近，较大尺寸应离轮廓线较远。

（7）在国家标注《建筑制图标准》（GB/T 50104—2001）中还可以使用图形的简化方法进行标注，其中连续排列的等长尺寸，可用"个数×等长尺寸=总长"的形式标注。

7.1.2 尺寸标注的要素

在建筑绘图中，一个完整的尺寸标注应由标注文字、尺寸线、延伸线、尺寸线的端点符号及起点等元素组成。如图 7.1 所示。

（1）标注文字。标注文字是用于指示图形对象的实际测量值的文本字符串，通常由数字、词汇、参数和特殊符号组成。默认情况下，数字/符号的格式为十进制。尺寸文字可以反映基本的尺寸，也可以带尺寸公差，还可以按极限尺寸形式标注。

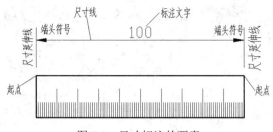

图 7.1　尺寸标注的要素

（2）尺寸线。尺寸线一般与所标注对象平行，用于指示标注的方向和方位。对于角度标注，尺寸线是一段圆弧。AutoCAD 通常将尺寸线放置在测量区域中。当尺寸线所在的测量区域空间太小，不足以放置标注文字时，尺寸线将被分为两部分，分别表示测量方向和被测量距离的长度。

（3）尺寸线的端点符号。尺寸线的端点符号也称为终止符号，显示在尺寸线的两端，用于指出测量的开始和结束位置。在室内设计绘图中一般使用建筑标记。尺寸线的端点符号可以为箭头、小斜线箭头、点或斜杠等标记，以满足不同行业的需要。

（4）起点。尺寸标注对象标注的定义点，通常是延伸线的引出点。系统测量的数据均以起点为计算点。

（5）尺寸延伸线。尺寸延伸线也称为投影或证示线，从标注点引出的表示标注范围的支线。可从图像的轮廓线轴线对称中心线引出。同时，轮廓线轴线及对称中心线也可以作为延伸线。

7.2　尺　寸　标　注　样　式

7.2.1　尺寸标注样式管理器

利用"标注样式管理器"对话框可以对标注样式进行管理，如创建和设置标注样式。

1. 尺寸标注样式管理器的启动

通过以下几个方法都可以打开"标注样式管理器"对话框：

（1）选择"格式"｜"标注样式"命令。

（2）在"常用"选项卡下的"注释"面板中单击"标注样式"按钮。

（3）在"注释"选项卡下的"标注"面板中单击"标注样式"按钮。

（4）单击"注释"工具栏中的"标注样式"按钮。

（5）在命令行中输入命令 DIMSTYLE。

在 AutoCAD 2010 中新建图形文件时，系统将根据样板文件来创建一个默认的标注样式。如使用"acad，dwt"样板是默认样式为"STANDARD"，实用"acadiso.dwg"样板是默认样式为"ISO.25"。此外，DIN 和 JIS 系列图形样板还分别提供了德国和日本工业标准样式。在没有用另一种样式替换当前样式之前，STANDARD 样式基本上都是根据美国国家标准协会（ANSI）标注标准设计的。

2. "标注样式管理器"对话框中各选项及按钮的含义和功能

"标注样式管理器"对话框如图 7.2 所示。

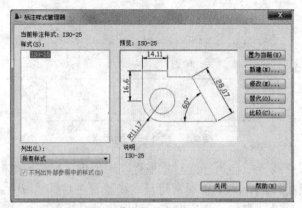

图 7.2 "标注样式管理器"对话框

"标注样式管理器"对话框中各选项及按钮的含义和功能说明如下：

（1）当前标注样式：显示当前正在使用的标注样式名称（默认标注样式为 STANDARD）

（2）样式：该列表框中显示了当前图形中可供选择的所有标注样式，对当前使用的标注样式，在该选项区域内突出显示。

（3）列出：在该下拉列表中可以选择显示哪种标注样式。列出的标注样式有两个选项：所有样式和正在使用的样式。其中，选择所有样式，在"样式"区域中将显示所有的标注样式；若选择正在使用的样式，则在该区域中将显示当前图形引用的标注样式。

（4）置为当前：单击该按钮，可将选中的标注样式设置为当前标注样式。

（5）新建：单击该按键，即可打开"创建新标注样式"对话框，在其中可创建新标注样式。

（6）修改：单击该按键，即可打开"修改标注样式"对话框，在其中可修改已创建的标注样式。

（7）替代：单击该按键，即可打开"代替当前样式"对话框，在其中可设置当前新标注样式的临时代替值，以满足某些特殊要求。在进行具体尺寸标注时，当前标注样式的替代样式将应用到所有尺寸标注中，直到用户删除替代样式为止。

（8）比较：单击该按键，即可打开"比较标注样式"对话框，如图 7.3 所示，在其中可比较两种标注样式的特性或浏览标注样式的特性。

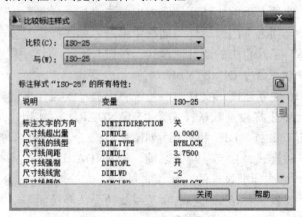

图 7.3 "比较标注样式"对话框

用户可以单击"标注样式管理器"中的"新建""修改"或"替代"按钮都可以进入标注样式对话框，进行具体的标注样式的设置。"新建标注样式""修改标注样式""替代当前样式"这三个选项卡中的选项是相同的。

7.2.2 创建新标注样式

要创建标注样式，可在"标注样式管理器"对话框中单击"新建"按钮，会打开"创建新标注样式"对话框，如图7.4所示。

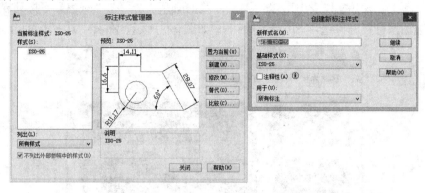

图7.4 "创建新标注样式"对话框

"创建新标注样式"对话框选项解释如下：

（1）新样式名：用于指定新样式的名称。

（2）基础样式：该下拉列表框用于选择从哪个样式开始创建新样式，即选择基础样式。

（3）用于：限定新标注样式的应用范围。

完成上述操作后单击"继续"按钮，弹出如图7.5所示的"新建标注样式"对话框，可进行样式的各种特性设置。

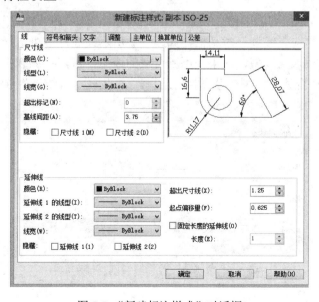

图7.5 "新建标注样式"对话框

7.2.2.1 "线"选项卡

"线"选项卡用于设置尺寸线、尺寸界限的尺寸、方式、颜色等，包括"尺寸线"和"延伸线"两个选项区域。

1. "尺寸线"选项区域

该选项区域用于设置尺寸线的颜色和线宽、超出标记、基线间距及控制是否隐藏尺寸线。

（1）颜色：在该下拉列表中可以设置尺寸线的颜色。若单击"颜色"下拉列表中的"选择颜色"选项，可打开"选项颜色"对话框，如图7.6所示，在其中选择一种合适的颜色。

图7.6 "选择颜色"对话框

（2）线型：在该下拉列表中可以设置尺寸线的线型。若单击"线型"下拉列表中的"其他"选项，可打开"选择线型"对话框，如图 7.7 所示，在其中可选择合适的线型，在列表中显示的是已经载入的线型，如果找不到合适的线型，可点"加载"打开"加载或重载线型"对话框，选择合适的线型先载入，再选择。"加载或重载线型"对话框如图7.8所示。

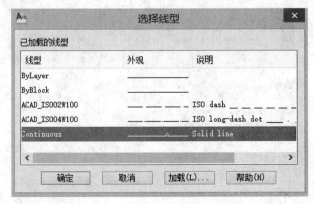

图7.7 "选择线型"对话框

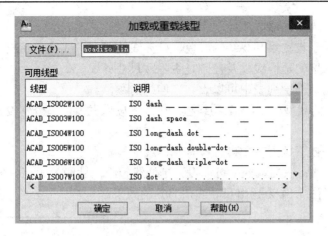

图 7.8 "加载或重载线型"对话框

（3）线宽：在该下拉列表中可以设置尺寸线和延伸的宽度。默认情况下，尺寸线的线宽也是随块的。

（4）超出标记：当尺寸标注样式的端点符号采用倾斜、小点、积分或无标记等样式时，使用该文本框可设置尺寸线超出延伸线的长度。图 7.9 所示是超出标记值为 0 的效果，图 7.10 所示是超出标记值为 6 的效果。

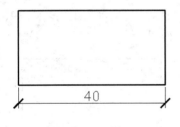

图 7.9 超出标记值为 0 的效果

图 7.10 超出标记值为 6 的效果

（5）基线间距：进行基线尺寸标注时，在该文本框中可以设置尺寸线之间的距离。

（6）隐藏：尺寸线一般分为两段，选中"尺寸线 1"或"尺寸线 2"复选框，可以隐藏第 1 段尺寸线或第 2 段尺寸线及其相应的端点符号。图 7.11 所示是隐藏尺寸线 1 的效果，图 7.12 所示是隐藏尺寸线 2 的效果。

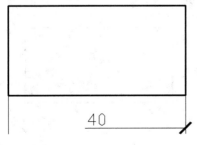
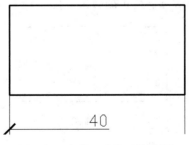

图 7.11 隐藏尺寸线 1 的效果

图 7.12 隐藏尺寸线 2 的效果

2."延伸线"选项区域

该选项区域用于设置尺寸界线的颜色、延伸线的线型、线宽、超出尺寸线的长度、起点偏移量、固定长度的延伸线以及控制是否隐藏尺寸界线。

(1)颜色:在该下拉列表中可以设置延伸线的颜色。

(2)延伸线1的线型/延伸线2的线型:在该下拉列表中可以分别设置延伸线1和延伸线2的线型。

(3)线宽:在该下拉列表中可以设置延伸线的线宽。

(4)超出尺寸线:在文本框中可以设置延伸线超出尺寸线的距离,图7.13为超出尺寸线值为0的效果,图7.14为超出尺寸线值为6的效果。

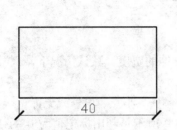
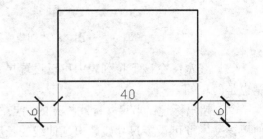

图7.13　超出尺寸线值为0的效果　　　　图7.14　超出尺寸线值为6的效果

(5)起点偏移量:在文本框中设置延伸线的起点与标注定义点的距离。图7.15为起点偏移量值为0的效果,图7.16为起点偏移量值为6的效果。

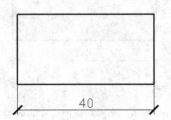
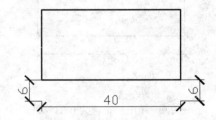

图7.15　起点偏移量值为0的效果　　　　图7.16　起点偏移量值为6的效果

(6)固定长度的延伸线:选中该复选框,可以使用具有特定长度的延伸线标注图形,此时,可在"长度"文本框中输入延伸线的数值。

(7)隐藏:选中"延伸线1"或"延伸线2"复选框,可以相应地延伸线。图7.17所示是隐藏延伸线1的效果,图7.18所示是隐藏延伸线2的效果。

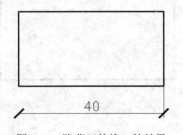
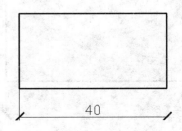

图7.17　隐藏延伸线1的效果　　　　图7.18　隐藏延伸线2的效果

7.2.2.2 "符号和箭头"选项卡

"符号和箭头"选项卡用于设置箭头格式和特性、圆心标记格式和大小、圆弧标注的格式及半径折现标注的格式，"符号和箭头"选项卡如图 7.19 所示。

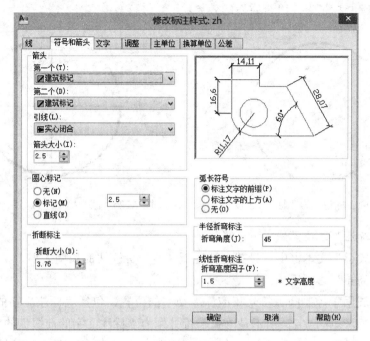

图 7.19 "符号和箭头"选项卡

1. "箭头"选项区域

"箭头"选项区域用于选择尺寸线和引线箭头的种类及定义它们的尺寸大小。

（1）第一个：在该下拉列表中可以设置第一条尺寸线的箭头。若在其中选择"用户箭头"选项，即可打开"选择自定义箭头块"对话框，如图 7.20 所示。在"从图形块中选择"文本框中输入当前图形中已有的块名，单击"确定"按钮，

图 7.20 "选择自定义箭头块"对话框

即可将该块作为尺寸线的箭头样式。此时，块的插入基点与尺寸线的端点重合。

（2）第二个：在该下拉列表中可以设置第二条尺寸线的箭头。

（3）引线：在该下拉列表可以设置引线箭头。

（4）箭头大小：在该文本框中可以设置标注箭头的大小。

2. "圆心标记"选项区域

"圆心标记"选项区域用于控制圆心标记的类型（有"无""标记"和"直线"三种）和大小。

（1）"无"：不创建圆心标记和中心线，如果选择此项，则圆心标记按钮 ⊕ 无法启动，不能标注圆心。

（2）"标记"：圆心位置以短十字线标记圆心。改十字线长度可在文本框中设定。

（3）"直线"：圆心标记的标记线将延伸到圆外，其后的文本框主要用于设定中间小十字标记和长标记线延伸到圆外的尺寸。图 7.21 所示是"圆心标记"为"标记"的效果，图 7.22 所示是"圆心标记"为"直线"的效果。

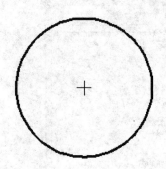

图 7.21 "圆心标记"为"标记"的效果

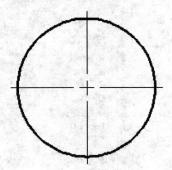

图 7.22 "圆心标记"为"直线"的效果

3．"折线标注"选项区域

在"折断大小"文本框中可设置在标注折断时，标注线的长度大小。

4．"弧长符号"选项区域

该选项区域用于控制圆弧符号相应标注文字的位置，包括"标注文字的前缀""标注文字的上方""无"。图 7.23 所示是"弧长符号"为"标注文字的前缀"的效果，图 7.24 所示是"弧长符号"为"标注文字的上方"的效果，图 7.25 所示是"弧长符号"为"无"的效果。

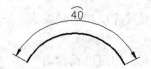
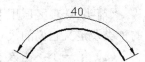

图 7.23 "标注文字的前缀"的效果　图 7.24 "标注文字的上方" 的效果　图 7.25 "无"的效果

5．"半径折弯标注"选项区域

在"折弯角度"文本框中可以设置标注圆弧半径时标注线的折弯角度大小。

6．"线性折弯标注"选项区域

在"折弯高度因子"文本框中设置折弯线性标注时折弯线的高度。

7.2.2.3 "文字"选项卡

"文字"选项卡用于设置所标注文字的外观、位置和对齐方式，如图 7.26 所示。

1．"文字外观"选项区域

该选项区域用于设置文字的样式、颜色、高度和分数高度比例，以及控制是否绘制文字边框。

（1）文字样式：在该下拉列表中可设置标注文字的样式。单击后面对应的按钮，可打开"文字样式"对话框，从中可设置文字的样式，如图 7.27 所示。

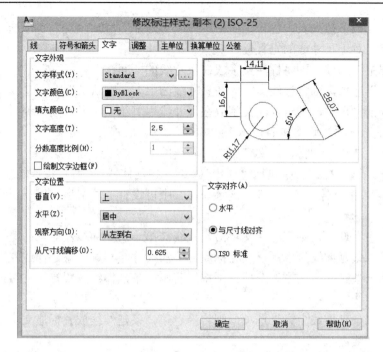

图 7.26 "文字"选项卡

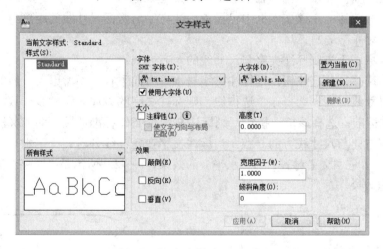

图 7.27 "文字样式"对话框

（2）文字颜色：在该下拉列表中可以设置标注文字的颜色。

（3）填充颜色：在该下拉列表中可以设置标注文字背景的颜色。

（4）文字高度：用于设置当前标注文字样式的高度。

（5）分数高度比例：用于设置标注分数和公差的文字高度，AutoCAD 把文字高度乘以该比值，用得到的值设置分数和公差的文字高度。

（6）绘制文字边框：选中该复选框，可在标注文字的周围绘制一个边框。

2. "文字位置"选项区域

该选项区域用于控制标注文字的垂直、水平位置、观察方向及尺寸线的偏移量。

（1）垂直：该下拉列表中包含"居中""上""外部""JIS""下"5 个选项，在其中可设置标注文字相对于尺寸线的垂直位置。

选择"居中"选项，则将标注文字放在尺寸线的中间；

选择"上"选项，则将标注文字放在尺寸线的上方（默认情况）；

选择"外部"选项，则将标注文字放在尺寸线远离第一定义点的一侧；

选择"JIS"选项，则将按照日本工业标准（JIS）放置标注文字；

选择"下"选项，则将标注文字放在尺寸线的下方。

（2）水平：该下拉列表中包括"居中""第一条延伸线""第二条延伸线""第一条延伸线上方""第二条延伸线上方"5 个选项，在其中可设置标注文字相对于尺寸线和延伸线的水平位置。

选择"居中"选项，则将标注文字沿尺寸线与第一条延伸线左对正；

选择"第二条延伸线"选项，则将标注文字沿尺寸线与第二条延伸线左对正；

选择"第一条延伸线上方"选项，则将沿着第一条延伸线放置标注文字或把标注文字放在第一条延伸线之上；

选择"第二条延伸线上方"选项，则将沿着第二条延伸线放置标注文字或把标注文字放在第二条延伸线之上。

（3）观察方向：在该下拉列表中可设置观察文字方向。

（4）尺寸线偏移：在该文本框中可设置标注文字与两侧尺寸线的距离。

3．"文字对齐"选项区域

该选项区域用于控制标注文字与尺寸线的对齐方式。

（1）平：选择该单选按钮，则标注文字与水平方向平行，不考虑尺寸线的方向。

（2）与尺寸线对齐：选择该单选按钮，则标注文字的方向与尺寸线一致。

（3）ISO 标准：选择该单选按钮，则标注文字按 ISO 标准放置。即当标注文字在延伸线内时，文字方向与尺寸线方向一致；当标注文字在延伸线外时，文字水平放置。

图 7.28 所示是"文字对齐"为"水平"的效果，图 7.29 所示是"文字对齐"为"与尺寸线对齐"的效果。

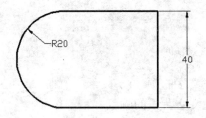
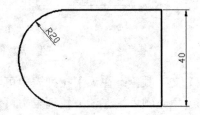

图 7.28 "文字对齐"为"水平"的效果　　图 7.29 "文字对齐"为"与尺寸线对齐"的效果

7.2.2.4 "调整"选项卡

"调整"选项卡用于控制标注文字、箭头、引线和尺寸线的放置，如图 7.30 所示。

1．"调整选项"选项区域

在进行尺寸标注时，当两条延伸线之间没有足够的距离同时放置标注文字和箭头时，设置首先从延伸线中移出的对象。

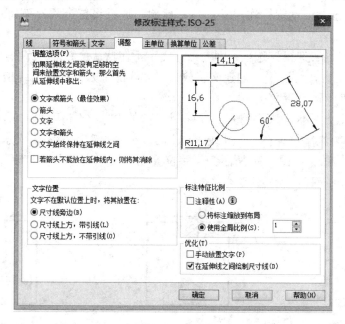

图 7.30 "调整"选项卡

（1）文字或箭头（最佳效果）：选择该选项，可按最佳效果自动选移出文字或箭头。

（2）箭头：选择该选项，则当延伸线间距离不足以放下箭头时，箭头都放在延伸线外。

（3）文字：选择该选项，则当延伸间距离不足以放下文字时，文字都放在延伸线外。

（4）文字和箭头：当延伸间距离不足以放下文字和箭头时，文字和箭头都放在延伸线外。

（5）文字始终保持在延伸线之间：选择该选项，则始终将标注中的文字放在延伸线之间。

（6）若箭头不能放在延伸线内，则将其消除：选中该复选框，如果延伸线内间距太小，则不显示箭头。

图 7.31 所示为调整"箭头"效果，图 7.32 所示为调整"文字"效果，图 7.33 所示为调整"文字或箭头"效果。

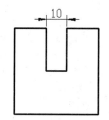

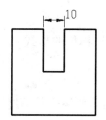

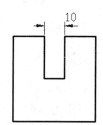

图 7.31 调整"箭头"效果   图 7.32 调整"文字"效果   图 7.33 调整"文字或箭头"效果

2. "文字位置"选项区域

在该选项区域中可设置标注尺寸的特征比例，通过设置全局比例可增加或减少标注大小。

（1）尺寸线旁边：选择该选项，则当标注文字不在默认位置时，将其放在尺寸线旁边。

（2）尺寸线上方，带引线：创建文字放在尺寸线的上方，并带引线指示。当文字和尺寸线的距离较远时，可使用该选项。

（3）尺寸线上方，不带引线：将文字放在尺寸线的上方，不带引线指示，如图7.25所示。

图7.34所示为文字位置在"尺寸线旁边"的效果，图7.35所示为文字位置在"尺寸线上方，带引线"的效果，图7.36所示为文字位置在"尺寸线上方，不带引线"的效果。

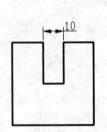 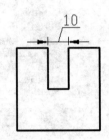 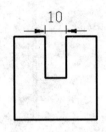

图7.34 "尺寸线旁边"　　　图7.35 "尺寸线上方，带引线"　　图7.36 "尺寸线上方，不带引线"
　　的效果　　　　　　　　　　　的效果　　　　　　　　　　　　的效果

3. "标注特征比例"选项区域

在该选项区域中可设置标注尺寸的特征比例，通过设置全局比例可增加或减少标注大小。

（1）注释性：可以将标注定义成可注释对象。

（2）将标注缩放到布局：可根据当前模型空间视口与图纸空间的缩放关系设置比例。

（3）使用全局比例：可对全部尺寸标注设置缩放比例，该比例不改变尺寸的测量值。

4. "优化"选项区域

在该选项区域中可以手动放置文字和在延伸线之间绘制尺寸线，对标注文字和尺寸线进行细微调整。

（1）手动放置文字：该标注是忽略所有水平对正设置，可以把文字放在指定的位置。

（2）在延伸线之间绘制尺寸线：当箭头放置在延伸线外时，可在延伸线内绘制出尺寸线。

7.2.2.5 "主单位"选项卡

"主单位"选项卡用于设置主标注单位的格式和精度、标注文字的前缀和后缀等，如图7.37所示。

1. "线性标注"选项区域

该选项区域可用于对线性标注的单位格式与精度进行设置。

（1）单位格式：在该下拉列表中可设置除角度标注外的其余各标注类型的尺寸单位。

（2）精度：在该下拉列表中可设置除角度标注外的尺寸精度（默认精度是0.00）。

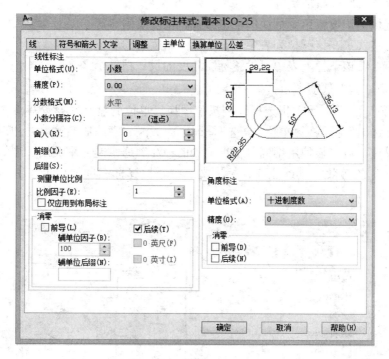

图 7.37 "主单位"选项卡

（3）分数格式：当"单位格式"为分数时，可在该下拉列表中设置分数的格式，包括水平、对象和非堆叠三种方式。

（4）小数分隔符：在下拉列表中可设置小数的分隔符，包括逗点、句点和空格三种方式。

（5）舍入：在该文本框中可设置除角度标注外的尺寸测量值的舍入值。

（6）前缀/后缀：在该文本框中可设置标注文字的前缀和后缀。

2．"测量单位比例"选项区域

该选项区域可设置测量尺寸缩放比例，AutoCAD 实际标注值为测量值与该比例的乘积。

（1）比例因子：在该文本框中可设置线性标注测量值的比例因子。

（2）仅应用到布局标注：选中该复制框，则只对不居中创建的标注应用线性比例值。

3．"消零"选项区域

在该选项区域用于控制是否显示尺寸标注中的"前导"和"后续"零，以及英尺和英寸中的零是否输出。

（1）前导：选中该复制框，则不输出十进制尺寸的前导零（如"0.01"变为"0.1"）。

（2）后续：选中该复制框，则不输出十进制尺寸的后续（如"12.000"变为"12"，"23.400"变为"23.4"等）。

（3）0 英尺：表示在距离小于 1 英尺时，不输出英尺-英寸型标注中的英尺部分。

（4）0 英寸：表示在距离是整数英尺时，不输出英尺-英尺型标注中的英寸部分。

4. "角度标注"选项区域

该选项区域用于设置角度标注的单位格式、精度及消零等。

（1）单位格式：在该下拉列表中可设置标注角度时的单位。

（2）精度：在该下拉列表中可设置标注角度的尺寸精度。

7.2.2.6 "换算单位"选项卡

"换算单位"选项卡用于指定标注测量值中换算单位的显示并设置其格式和精度，如图 7.38 所示。选中"显示换算单位"复选框，即可为标注文字添加换算单位。使用 AutoCAD 的换算标注单位，可转换使用不同测量单位制的标注。通常是显示英制标注的等效公制标注，或公制标注的等效英制标注。在标注文字中，换算标注单位显示在主单位旁边方括号内。

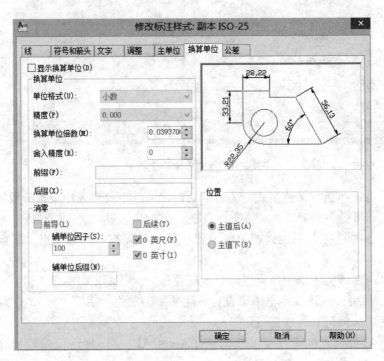

图 7.38 "换算单位"选项卡

1. "换算单位"选项区域

该选项区域用于设置换算单位的单位格式。

（1）单位格式：在该下拉列表中可以设置换算单位的单位格式。

（2）精度：用于设置换算单位的小数位数。

（3）换算单位倍数：用于设置主单位和换算单位之间的换算因子，即通过线性距离与换算因子相乘后，确定出换算单位的数值。

（4）舍入精度：用于设置除角度标注外的所有标注类型的换算单位的舍入规则。

2. "位置"选项区域

该选项区域用于控制换算单位相对于主单位的位置，包括主值后或主值下。图 7.39

所示为换算单位位于"主值后"的标注效果，图 7.40 所示为换算单位位于"主值下"的标注效果。

图 7.39　换算单位位于"主值后"的标注效果　　图 7.40　换算单位位于"主值下"的标注效果

7.3　尺　寸　标　注

下面介绍创建各种尺寸标注的方法，包括创建线性标注与对齐标注，半径、直径和圆心标注，角度和基线标注，坐标标注和快速标注，标注间距和标注打断的方法。

7.3.1　线性标注与对齐标注

7.3.1.1　线性标注

1．功能

使用线性尺寸标注可以标注线性方面的尺寸，比如标注水平尺寸、垂直和旋转尺寸。创建线性标注时，可以修改文字内容、文字角度或尺寸线的角度。

2．启动命令

要调用"线性标注"，可利用如下几种方法：

（1）选择"标注"｜"线性"命令。

（2）在"标注"工具栏中单击"线性"按钮 。

（3）在"常用"选项卡下的"注释"面板中单击"线性"按钮 。

（4）在"注释"选项卡下的"标注"面板中单击"线性"按钮 。

（5）在命令行中输入命令 DIMLINEAR。

3．命令行操作及说明

命令: _DIMLINEAR
指定第一条延伸线原点或 <选择对象>:
指定第二条延伸线原点:
指定尺寸线位置或[多行文字(M)/文字(T)/角度(A)/水平(H)/垂直(V)/旋转(R)]:
标注文字 = 40

各选项说明：

（1）多行文字（M）：若选择该选项，可打开"文字格式"工具栏，此时，可以对标注文字进行编辑。用尖括号< >表示生成的测量值。要给生成的质量值添加前缀或后缀，可在尖括号前后输入前缀或后缀。如果要编辑或替换生成的测量值，可删除尖括号，输入新的标注文字。

（2）文字（T）：若选择该选项，可在命令行中直接输入文字标注。如果标注文字中需要包括生成测量值，可使用尖括号< >表示生成的测量值。

（3）角度（A）：选择该选项，可设置标注文字的角度。

（4）水平（H）｜垂直（V）：若选择这两个选项，可指定标注水平或垂直直线尺寸。命令行中会显示提示信息"指定尺寸线位置或［多行文字（M）｜角度（A）］:"，然后直接确定尺寸线位置或编辑标注的文字和角度，即可进行标注了。

（5）旋转（R）：选择该选项后，可指定旋转尺寸线的角度。

4. 应用举例

【例题 7.1】 绘制图 7.41 并标注尺寸。

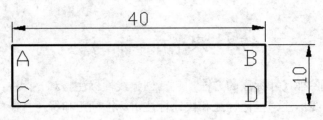

图 7.41　线性标注尺寸图例

操作步骤：

首先绘制矩形，然后启动"线性标注"命令。

命令: _DIMLINEAR（启动线性标注）
指定第一条延伸线原点或 <选择对象>:（选择 A 点）
指定第二条延伸线原点: （选择 B 点）
指定尺寸线位置或[多行文字(M)/文字(T)/角度(A)/水平(H)/垂直(V)/旋转(R)]: （上移至适当位置）
标注文字 = 40

则图形的宽度标注完毕，再用类似方法标注图形高度。

7.3.1.2　对齐标注

1. 功能

使用对齐尺寸标注可以标注某一条倾斜线段的实际长度。对齐标注实际上是线性标注尺寸的一种特殊形式。在对齐标注模式下，尺寸线与标注对象平行，常用于标注斜线或斜面。

"对齐标注"可以标注水平垂直尺寸，还可以标注倾斜尺寸，但"线性标注"只能标注水平或垂直尺寸。

2. 启动命令

要调用"对齐标注"可通过如下几种方法：

（1）选择"标注"｜"对齐"命令。

（2）在"标注"工具栏中单击"对齐"按钮 。

（3）在"常用"选项卡下的"注释"面板中的"线性标注"下拉列表中单击"对齐"按钮 。

（4）在"注释"选项卡下的"标注"面板中的"线性标注"下拉列表中单击"对齐"按钮 。

（5）在命令行中输入命令 DIMALIGNED。

3. 命令行操作及说明

命令: _DIMALIGNED
指定第一条延伸线原点或 <选择对象>:
指定第二条延伸线原点:
指定尺寸线位置或[多行文字(M)/文字(T)/角度(A)]:
标注文字 = 400

各选项含义和线性标注一致。

4. 应用举例

【例题 7.2】 绘制图 7.42 并标注尺寸。

操作步骤:

首先绘制边长为 40 的正三角形,然后启动"对齐标注"命令。

命令: _DIMALIGNED（启动对齐标注）
指定第一条延伸线原点或 <选择对象>:（选择 A 点）
指定第二条延伸线原点:（选择 B 点）
指定尺寸线位置或[多行文字(M)/文字(T)/角度(A)]:（移至适当位置）
标注文字 = 40

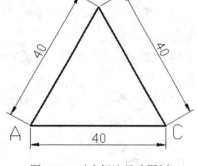

图 7.42　对齐标注尺寸图例

则图形的 AB 边标注完毕,再用类似方法标注 BC 边、AC 边。

7.3.2　半径、直径和圆心标注

在 AutoCAD 中,对圆的标注包括半径标注、直径标注和圆心标注。

7.3.2.1　半径标注

1. 功能

半径标注可以用来标注圆弧或圆的半径。

2. 启动命令

要调用"半径标注"可通过如下几种方法:

（1）选择下拉菜单"标注"｜"半径"命令。

（2）在标注工具栏中单击"半径"按钮。

（3）在"常用"选项卡下的"注释"面板中的"线性标注"下拉列表中单击"半径"按钮。

（4）在"注释"选项卡下的"标注"面板中的"线性标注"下拉列表中单击"半径"按钮。

（5）在命令行中输入命令 DIMRADIUS。

3. 命令行操作及说明

命令: _DIMRADIUS
选择圆弧或圆:
标注文字 = 40
指定尺寸线位置或 [多行文字(M)/文字(T)/角度(A)]:

7.3.2.2 直径标注

1. 功能

直径标注用来标注圆弧或圆的直径。

2. 启动命令

要调用"直径标注"可通过如下几种方法：

（1）选择下拉菜单"标注"｜"直径"命令。

（2）在"标注"工具栏中单击"直径"按钮 ⌀。

（3）在"常用"选项卡下的"注释"面板中的"线性标注"下拉列表中单击"直径"按钮 ⌀。

（4）在"注释"选项卡下的"标注"面板中的"线性标注"下拉列表中单击"直径"按钮 ⌀。

（5）在命令行中输入命令 DIMDIAMETER。

3. 命令行操作及说明

命令: _DIMDIAMETER
选择圆弧或圆:
标注文字 = 80
指定尺寸线位置或 [多行文字(M)/文字(T)/角度(A)]:

7.3.2.3 圆心标注

1. 功能

使用圆心标注可以标注圆或圆弧的圆心。

2. 启动命令

要调用"圆心标注"，可通过如下几种方法：

（1）选择下拉菜单"标注"｜"圆心"命令。

（2）在"标注"工具栏中单击"圆心"按钮 ⊕。

（3）在"常用"选项卡下的"注释"面板中单击"圆心"按钮 ⊕。

（4）在"注释"选项卡下的"标注"面板中单击"圆心"按钮 ⊕。

（5）在命令行中输入命令 DIMCENTER。

3. 命令行操作及说明

命令: _DIMCENTER
选择圆弧或圆:

圆心标记的形状受系统变量 DIMCEN 的控制。

当变量值大于 0 时，显示圆心标注，且该变量值是圆心标记线长度的一半，如图 7.43 所示。

当变量值小于 0 时，显示圆心线，且该变量值是圆心除小十字线长度的一半，如图 7.44 所示。

当变量值等于 0 时，不显示圆心标记，如图 7.45 所示。

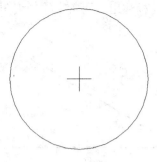

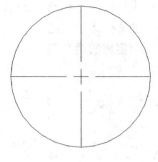

图 7.43　DIMCEN 大于 0　　　图 7.44　DIMCEN 小于 0　　　图 7.45　DIMCEN 等于 0

7.3.3　角度和基线标注

7.3.3.1　角度标注

1. 功能

角度标注可以标注圆、圆弧、两条直线以及三点之间的角度，用测量两条直线或三点之间或圆弧的角度。

2. 启动命令

要调用"角度标注"，可通过如下几种方法：

（1）选择下拉菜单"标注"｜"角度"命令。

（2）在"标注"工具栏中单击"角度"按钮△。

（3）在"常用"选项卡下的"注释"面板中单击"角度"按钮△。

（4）在"注释"选项卡下的"标注"面板中单击"角度"按钮△。

（5）在命令行中输入命令 DIMANGULAR。

3. 命令行操作及说明

命令: _DIMANGULAR
选择圆弧、圆、直线或 <指定顶点>:
选择第二条直线:
指定标注弧线位置或 [多行文字(M)/文字(T)/角度(A)/象限点(Q)]:
标注文字 =30

各选项说明：

（1）注"圆弧"角度：当选择的是圆弧时，命令行将会显示"指定标注弧线位置或 [多行文字（M）/文字（T）/角度（A）]:"提示，如果直接确定标注弧线的位置，AutoCAD将会按照实际的测量值标注出角度，也可以通过选择"多行文字（M）""文字（T）""角度（A）"选项来设置尺寸文字以及旋转角度。

（2）标注"圆"角度：当选择的是圆时，命令行将会显示"指定角的第二个端点:"提示，要求用户确定另一点作为角的第二个端点，此点可在圆上，也可不在圆上，最后确定标注弧线位置。标注的角度将以圆心作为角度的标点，通过所选择的两个点作为尺寸界线或延伸线。

（3）标志"直线"角度：即标注两条不平行直线之间的夹角。选择此选项后，再选择这两条直线，再对标注弧线的位置进行确定。AutoCAD 会自动标注出这两条直线的夹角。

（4）"指定顶点"标注角度：在选择此选项之后，应该先确定角的顶点，再分别指定角的两个端点，最后再指定标注弧线的位置。

4. 应用举例

【例题 7.3】 绘制图 7.46 并标注尺寸。

操作步骤：

首先绘 AB 边、BC 边，线性标注 AB 边，对齐标注 AC 边，然后启动"角度标注"命令。

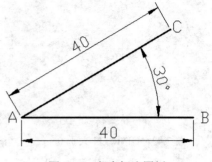

图 7.46　角度标注图例

命令: _DIMANGULAR（启动角度标注命令）
选择圆弧、圆、直线或 <指定顶点>:（选择 AB 边）
选择第二条直线:（选择 BC 边）
指定标注弧线位置或 [多行文字(M)/文字(T)/角度(A)/象限点(Q)]:（移动至合适位置）
标注文字 = 30

7.3.3.2　基线标注

1. 功能

基线标注以某一点、线或面作为基准，其他尺寸按照该基准进行定位。在创建基线标注之前，必须创建线性、对齐或角度标注。AutoCAD 将会从基线标注的第一个尺寸界线处测量基线标注。

2. 启动命令

要调用"基线标注"可通过如下几种方法：

（1）选择下拉菜单"标注"｜"基线"命令。

（2）在"标注"工具栏中单击"基线"按钮 ⊢⊤。

（3）在"常用"选项卡下的"注释"面板中单击"基线"按钮 ⊢⊤。

（4）在"注释"选项卡下的"标注"面板中单击"基线"按钮 ⊢⊤。

（5）在命令行中输入命令 DIMBASELINE。

3. 命令行操作及说明

命令: _DIMBASELINE
选择基准标注:（选择基线标注的基准标注）
指定第二条延伸线原点或 [放弃(U)/选择(S)] <选择>:
标注文字 = 80
指定第二条延伸线原点或 [放弃(U)/选择(S)] <选择>:
标注文字 = 120

4. 应用举例

【例题 7.4】 绘制图 7.47 并标注尺寸。

操作步骤：

首先绘台阶 ABCDEFG。

用线性标注 BC，然后启动基线标注命令。

命令: _DIMBASELINE（启动基线标注命令）
指定第二条延伸线原点或 [放弃(U)/选择(S)] <选择>:（选择 E 点）
标注文字 = 80
指定第二条延伸线原点或 [放弃(U)/选择(S)] <选择>:（选择 G 点）
标注文字 = 120

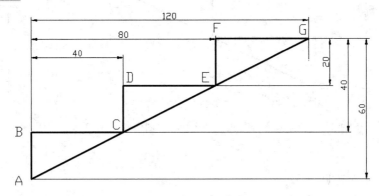

图 7.47　基线标注图例

水平方向尺寸标注完毕，再用类似的方法标注竖直方向的尺寸。

7.3.4　连续和多重引线标注

7.3.4.1　连续标注

1. 功能

连续标注是从上一个标注的第二条延伸线开始进行标注，是首尾相连的多个标注。在创建连续标注之前，必须创建线性、对齐或角度标注，以确定连续标注所需要的前一尺寸标注的尺寸界线。

2. 启动命令

调用"连续标注"可通过如下几种方式：

（1）选择下拉菜单"标注"｜"连续"命令。

（2）在"标注"工具栏中单击"连续"按钮 ⊢⊢⊢ 。

（3）在"常用"选项卡下的"注释"面板中单击"连续"按钮 ⊢⊢⊢ 。

（4）在"注释"选项卡下的"标注"面板中单击"连续"按钮 ⊢⊢⊢ 。

（5）在命令行中输入命令 DIMCONTINUE。

3. 命令行操作及说明

命令: _DIMCONTINUE
选择连续标注:（选择连续标注的起始点）
指定第二条延伸线原点或 [放弃(U)/选择(S)] <选择>:
标注文字 = 40
指定第二条延伸线原点或 [放弃(U)/选择(S)] <选择>:
标注文字 = 40

4. 应用举例

【例题 7.5】 绘制图 7.48 并标注尺寸。

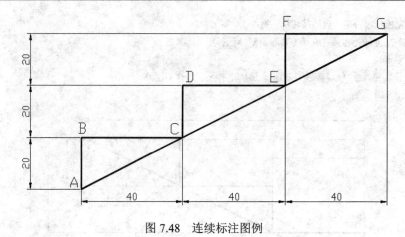

图 7.48　连续标注图例

操作步骤：

首先绘台阶 ABCDEFG。

用线性标注 BC，然后启动连续标注命令。

命令：_DIMCONTINUE（启动连续标注命令）
选择连续标注：（选择标注 BC）
指定第二条延伸线原点或 [放弃(U)/选择(S)] <选择>：（选择 E 点）
标注文字 ＝40
指定第二条延伸线原点或 [放弃(U)/选择(S)] <选择>：（选择 G 点）
标注文字 ＝40

水平方向尺寸标注完毕，再用类似的方法标注竖直方向的尺寸。

7.3.4.2　多重引线标注

1. 多重引线的概念

多重引线是由多条直线段连着箭头组成的对象，通常由一条短水平线（又称为勾线、折线或着陆线）将文字和特性控制框连接到引线上。

2. 多重引线的创建

在创建多重引线标注之前，可先创建多重引线样式。创建多重引线样式的方法是在"注释"面板中单击"多重引线样式"按钮，可打开"多重引线样式管理器"对话框。

单击"新建"按钮，可打开"创建多重引线样式"对话框，在其中设置多重引线的名称和基础样式，创建多重引线样式。

单击"继续"按钮，可打开"修改多重引线样式"对话框，在其中设置多重引线的格式、箭头和文字的大小等内容。

创建新多重引线样式后返回"多重引线样式管理器"对话框，单击"置为当前"按钮，即可使用该样式创建多重引线。

3. 调用"多重引线标注"

要调用"多重引线标注"，可通过如下几种方法：

（1）选择"标注"｜"多重引线"命令。

（2）在"常用"选项卡下的"注释"面板中单击"多重引线"按钮。

（3）在"注释"选项卡下的"引线"面板中单击"多重引线"按钮。

（4）在命令行中输入命令 MLEADER。

4．命令行操作及说明

命令: MLEADER
指定引线箭头的位置或 [引线基线优先(L)/内容优先(C)/选项(O)] <选项>:
指定引线基线的位置:

7.3.5 坐标标注

1．功能

坐标标注可以标注测量原点（称为基准点）到标注特征的垂直距离，它由 X 或 Y 值和引线组成。X 基准坐标表示在 X 轴方向上特征点与基准点的距离；Y 基准点坐标表示在 Y 轴方向上的测量距离。坐标标注可保持特征点与基准点的精确偏移量，从而避免误差的增大。

2．启动命令

调用"坐标标注"可通过如下几种方法：

（1）选择下拉菜单"标注"｜"坐标"命令。

（2）在"常用"选项卡下的"注释"面板中单击"坐标"按钮。

（3）在"注释"选项卡下的"标注"面板中单击"坐标"按钮。

（4）在命令行中输入命令 DIMORDINATE。

3．命令行操作及说明

命令: _DIMORDINATE
指定点坐标:
创建了无关联的标注。
指定引线端点或 [X 基准(X)/Y 基准(Y)/多行文字(M)/文字(T)/角度(A)]:
标注文字 = 999

各选项说明：

（1）X 基准（X）：选择该选项后，将指定测量 X 方向的坐标并确定引线和标注文字方向。

（2）Y 基准（Y）：选择该选项后，将指定测量 Y 方向的坐标并确定引线和标注文字方向。

（3）多行文字（M）：通过多行问题输入窗口输入标注文字。

（4）文字（T）：在命令行中直接输入标注文字。

（5）角度（A）：可确定标注文字的角度。

7.3.6 快速标注

1．功能

当需要创建一系列基线、连续或并列标注，或者为一系列圆或圆弧创建标注时，可以使用快速标注命令。快速标注可以用来快速创建或编辑一系列标注，从而提高绘图效率。

2．启动命令

调用"快速标注"可通过如下几种方法：

（1）选择下拉菜单"标注" | "快速标注"命令。

（2）在"注释"选项卡下的"标注"面板中单击"快速标注"按钮 。

（3）在命令行中输入命令 QDIM。

3. 命令行操作及说明

命令: _QDIM（启动快速标注命令）

关联标注优先级 = 端点（优先标注的点）

选择要标注的几何图形: 指定对角点: 找到 14 个（选择标注图形）

选择要标注的几何图形:

指定尺寸线位置或 [连续(C)/并列(S)/基线(B)/坐标(O)/半径(R)/直径(D)/基准点(P)/编辑(E)/设置(T)] <连续>:（指定标注文字位置或输入括号中相应字母改变标注形式）

7.3.7 标注间距和标注打断

7.3.7.1 标注间距

1. 功能

使用标注间距命令可以在已标注的图形中修改标注尺寸线的位置间距大小。

2. 启动命令

调用"标注间距"可通过如下几种方法：

（1）选择下拉菜单"标注" | "标注间距"命令。

（2）在"标注"工具栏中单击"等距标注"按钮。

（3）在命令中输入命令 DIMSPACE。

3. 命令行操作及说明

命令: _DIMSPACE（启动标注间距命令）

选择基准标注:（选择作为基准的标注）

选择要产生间距的标注: 找到1个（选择与基准标注之间重新设置间距的标注）

选择要产生间距的标注:

输入值或 [自动(A)] <自动>:（输入两个标注尺寸线之间的新距离）

4. 应用举例

【例题 7.6】 把图 7.49 中两个标注之间的距离改变为 20，结果如图 7.50 所示。

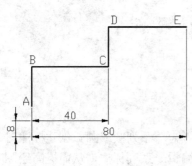

图 7.49　原标注尺寸线

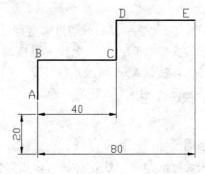

图 7.50　选择基准标注

操作步骤：

首先绘台阶 ABCDE。

用线性标注 BC，然后启动基线标注命令标注 AE，再启动标注间距命令。

命令: _DIMSPACE（启动标注间距命令）
选择基准标注:（选择作为基准的标注）
选择要产生间距的标注: 找到 1 个（选择标注 AC）
选择要产生间距的标注:
输入值或 [自动(A)] <自动>:（输入 20）

7.3.7.2 标注打断

1. 功能

使用标注打断命令可以在标注和图形之间产生一个隔断，指在标注或尺寸界线与其他线重叠处打断标注或尺寸界线。

2. 启动命令

调用"标注打断"可通过如下几种方法:

（1）选择下拉菜单"标注"｜"标注打断"命令。

（2）在"标注"工具栏中单击"折断标注"按钮。

（3）在命令中输入命令 DIMBREAK。

3. 命令行操作及说明

命令: _DIMBREAK
选择要添加/删除折断的标注或 [多个(M)]:
选择要折断标注的对象或 [自动(A)/手动(M)/删除(R)] <自动>:
1 个对象已修改

4. 应用举例

【例题 7.7】 把图 7.51 中的标注打断，结果如图 7.52 所示。

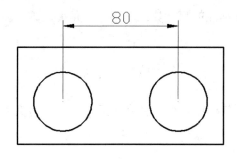

图 7.51 选择要打断的标注

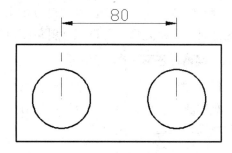

图 7.52 打断标注的效果

操作步骤:

首先绘制图形，用线性标注命令标注两圆心的距离，启动标注打断。

命令: _DIMBREAK（启动标注打断命令）
选择要添加/删除折断的标注或[多个(M)]:（选择标注）
选择要折断标注的对象或[自动(A)/手动(M)/删除(R)] <自动>:（输入 A，自动）
1 个对象已修改

7.4 编辑尺寸标注

在标注完成后，可以使用标注样式修改图形中的所有标注，也可以单独修改图形中部分标注对象，比如有时候需要对标注好的尺寸文字内容进行修改等。标注好的尺寸也可以使用编辑工具对其直接进行编辑。

7.4.1 编辑标注

1. 功能

使用"编辑标注"命令可以对一个或多个标注对象上的标注文字和延伸线进行修改。

2. 启动命令

调用"编辑标注"命令可以通过如下几种方法：

（1）单击"标注"工具栏上的"编辑标注"按钮 。

（2）在命令中输入命令 DIMEDIT。

3. 命令行操作及说明

命令:_DIMEDIT

输入标注编辑类型 [默认(H)/新建(N)/旋转(R)/倾斜(O)] <默认>:

选择对象: 找到1 个

各选项说明：

（1）默认（H）：选择此选项并选择尺寸对象，可以按默认位置和方向放置尺寸文字。

（2）新建（N）：选择此选项，可以打开"多行文字编辑器"来修改标注文字。修改或输入尺寸文字之后，需要再选择需要修改的尺寸对象。

（3）旋转（R）：选择此选项，可以向尺寸文字旋转一定的角度，同样是先设置角度值后，再选择尺寸对象。

（4）倾斜（O）：选择此选项可以使用非角度标注的尺寸界线倾斜一定角度。这时需要先选择尺寸对象之后，再设置倾斜角度值。

7.4.2 编辑标注文字命令的使用

1. 功能

对标注文字进行编辑，可以讲现有文字进行旋转或者用新文字替换，还可以将文字移动到新位置或返回初始位置。

2. 启动命令

调用"编辑标注文字"命令可以通过如下几种方法：

（1）单击"标注"工具栏上的"编辑标注文字"按钮 。

（2）在命令行中输入命令 DIMTEDIT。

3. 命令行操作及说明

命令：_DIMTEDIT

选择标注:

为标注文字指定新位置或 [左对齐（L）/右对齐（R）/居中（C）/默认（H）/角度（A）]:

各选项说明：

（1）左对齐（L）：在命令输入行中输入"L"并按 Enter 键，可将标注文字沿尺寸线靠左对齐。

（2）右对齐（R）：在命令输入行中输入"R"并按 Enter 键，可将标注文字沿尺寸线靠右对齐。

（3）居中（C）：在命令行中输入"C"并按 Enter 键，可以将标注文字放在尺寸线中间。

（4）默认（H）：在命令行中输入"H"并按 Enter 键，可将标注文字按照默认的位置和方向放置。

（5）角度"A"：在命令输入行中输入"A"并按 Enter 键，可旋转标注文字的角度。

练　习　题

按 1∶1 绘制图 7.53～图 7～58 所示图形并标注尺寸。

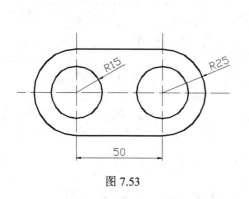

图 7.53

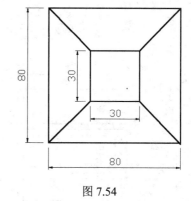

图 7.54

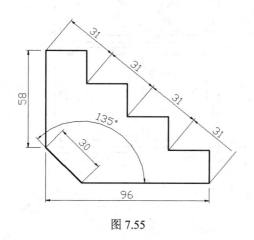

图 7.55

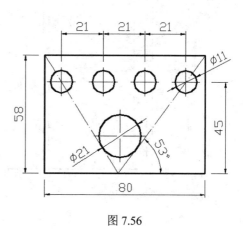

图 7.56

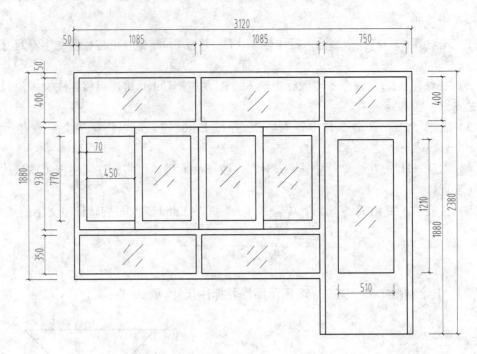

图 7.57

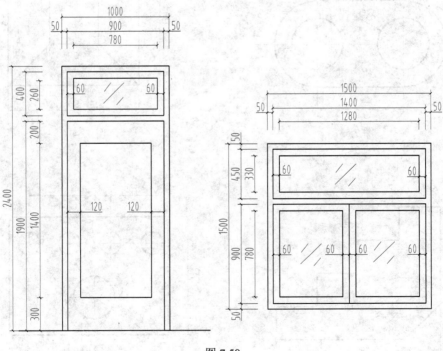

图 7.58

第 8 章

图形输出与打印

图形绘制完成以后，我们可以将图形文件输出为其他格式的图形文件，以供其他软件调用。同样也可将图形文件打印，输出为图纸。

8.1 模型与布局

图形输出可以在模型空间进行，也可以在布局空间中进行。在 AutoCAD 2010 中，模型空间和布局空间分别通过"模型"和"布局"两个图形按钮进行切换，按钮位于绘图区域底部，如图 8.1 所示。

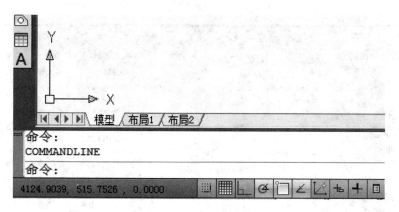

图 8.1　模型与布局

1. 模型

模型空间主要用于建模，前面章节讲述的绘图、编辑、标注等操作都是在模型空间内完成的，它是一个无界限的三维空间，用户可以在此空间以任意尺寸绘制图形。模型空间也可以打印图形。

2. 布局

布局也称为图纸空间，是为了打印出图而设置的，也是为了让用户方便地设置打印设备、纸张、比例、图纸视图布置等而提供的功能。利用图纸空间还可以预览到真实的图纸输出效果。由于图纸空间是纸张的模拟，所以是二维的。同时图纸空间由于受选择幅面的限制，所以是有界限的。在图纸空间还可以设置比例，实现图形从模型空间到图纸空间的转换。

单击"布局"选项卡可以切换到图纸空间，"布局"选项卡可以有多个，每个"布局"选项卡都提供了一个图纸空间绘图环境。

8.2 图 形 输 出

在 AutoCAD 中除了能绘制和编辑图形实体，将图形输出到图纸上外，还能以各种格式输出到文件，进行格式转换供其他应用程序使用，如图 8.2 所示。这样就可以合理有效的使用不同的应用软件，达到特殊应用的目的，使得各应用软件能够实现图形与数据资源共享。

1. 功能

输出功能是将图形转换为其他类型的图形文件，如 bmp、wmf 等，以达到和其他软件兼容的目的。

2. 启动输出命令的方式

（1）命令行：EXPORT。

（2）菜单栏："文件" | "输出（E）"。

3. 操作说明

在菜单栏选择"文件" | "输出（E）"，启动输出命令，弹出如图 8.2 所示"输出数据"对话框。

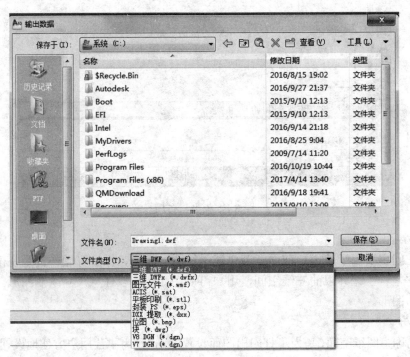

图 8.2 "输出数据"对话框

由输出对话框中的文件类型，可以看出 AutoCAD 2010 的输出文件有 11 种类型，都为图形工作中常用的文件类型，能够保证与其他软件的交流。使用输出功能的时候，会提示选择输出的图形对象，用户在选择所需要的图形对象后就可以输出了。

8.3 图 形 打 印

1. 功能

用户在完成某个图形绘制后，为了便于观察和实际施工制作，可将其打印输出到图纸上。在打印的时候，首先要设置打印的一些参数，如选择打印设备、设定打印样式、指定打印区域等，这些都可以通过打印命令调出的对话框来实现。

2. 启动打印命令的方式

（1）命令行：PLOT。

（2）菜单栏："文件" | "打印（P）"。

（3）工具栏："标准" | "打印" 🖨。

3. "打印"对话框选项介绍

启动打印命令，即可打开"打印"对话框，如图 8.3 所示。"打印"对话框中的各主要选项介绍如下。

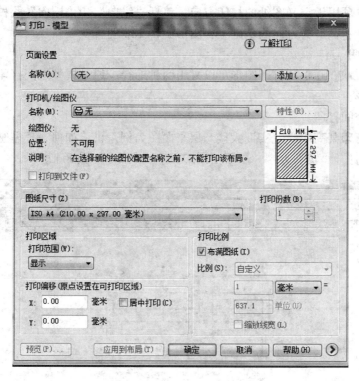

图 8.3 "打印"对话框

（1）"打印机/绘图仪"：如果计算机连接了打印机，则在打印机名称中选择所连接的打印机，如果没连接打印机，可以选模拟的打印机 "Default windows System Printer pc3" 模拟打印效果。

（2）"图纸尺寸"：可以在图纸尺寸列表中选取需要的图纸尺寸，定义图纸的大小。

（3）"打印区域"：用于控制打印图形的范围，打印区域之外的任何图形将不会被打印。在打印范围共有4个选项，其功能如下：

1）"显示"：将当前屏幕显示的绘图区域作为打印区域。

2）"窗口"：将绘制图形中的一个窗口区域作为打印区域。在模型打印时常用"窗口"打印选择打印范围。

3）"范围"：将实际绘图区域的大小作为打印区域。

4）"图形界限"：指定当前图形的绘图界限作为打印区域。

（4）"打印比例"：该区域中的选项用来设置绘图单位和打印单位之间的相对比例，在图纸空间中，默认比例是1∶1，在模型空间中，默认设置为"布满图纸"。

（5）"打印偏移"：该区域中的选项用于设置图形在图纸中的位置。在默认情况下，系统将图形的坐标原点点位在图纸的左下角。用户可以在"X"和"Y"选项的输入框中输入坐标原点在图纸的偏移量，以控制图形在图纸上的位置。当选取"居中打印"时，表示将当前打印图形的中心点位在图纸的中心上。

（6）"打印方向"：单击"打印"对话框右下角 ⊙ 按钮，将会弹出隐藏选项，其中"图形方向"中的选项用于定义图纸的打印方向，包括"纵向"和"横向"两种。若选择"反响打印"选项，将在选择方向的基础上将图形旋转180°打印。

4. 操作说明

在 AutoCAD 2010 中，打印图形可以采用两种途径：通过模型空间打印图形，通过图纸空间打印图形。

（1）模型空间打印。

下面通过打印某高职学院实训大楼一层平面图为例，讲述如何在模型空间打印图纸。

1）找到并打开"实训大楼一层平面图.DWG"图形，如图8.4所示。

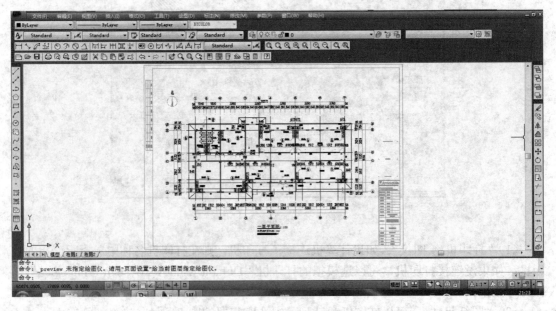

图 8.4 打开的"实训大楼一层平面图.DWG"图形

2）执行菜单栏中"文件"｜"打印（P）"命令，设置"打印机/绘图仪""图纸尺寸""打印比例""打印份数"等，如图8.5所示。

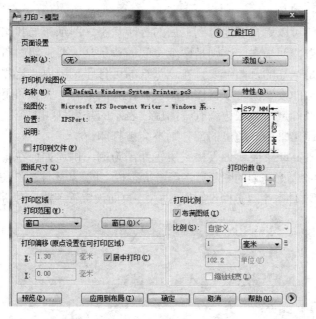

图8.5 "打印"对话框中的选项和参数设置

3）参数设置完毕后，单击"预览"按钮，即可预览图形的打印效果，如图8.6所示。

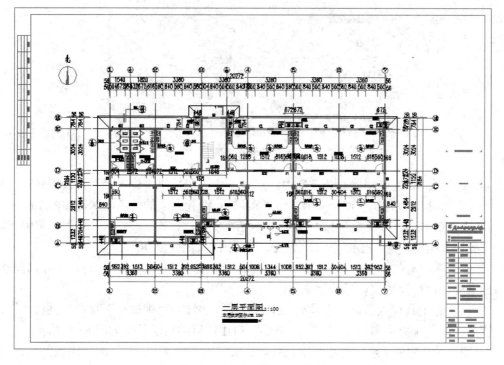

图8.6 打印图形的预览效果

4）预览完毕后，点击右键，在弹出的右键菜单中选择"打印"选项，即可打印图形。若选择"退出"选项，则可返回"打印"对话框以便对打印选项重新设置。

（2）布局空间打印。

从图纸空间打印可以更直观地看到最后的打印状态，图纸布局和比例控制更加方便。

图纸空间与模型空间最大的区别是图纸空间的背景是所要打印的白纸的范围，与最终的实际纸张的大小是一样的，图纸安排在这张纸的可打印范围内，这样在打印的时候就不需要再进行打印参数的设置就可以直接出图了。在界面中有一张打印用的白纸示意图，纸张的大小和范围已经确定，纸张边缘有一圈虚线表示的是可打印的范围，图形在虚线内是可以在打印机上打印出来的，超出的部分则不会被打印。

下面通过打印某高职学院实训大楼一层平面图为例，讲述如何在模型空间打印图纸。

1）在模型空间绘制好需要的图形后，点击状态栏上的 布局1 按钮，进入图纸空间界面。

2）选择菜单"文件"｜"页面设置"，进入"页面设置管理器"对话框，如图8.7所示。

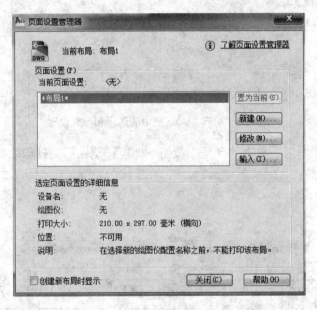

图8.7 "页面设置管理器"对话框

3）在"页面设置管理器对话框"中，点击"修改"按钮，进入"页面设置"对话框，设置"图纸尺寸"为A3，"打印范围"为"布局"，设置适当的打印比例，如图8.8所示。

4）依次单击"页面设置"｜"布局1"对话框中的"确定"按钮和"页面设置管理器"中的"关闭"按钮，进入图纸空间，图纸空间的图形如图8.9所示。

5）单击浮动窗口，利用夹点编辑功能将图8.9图形浮动窗口的两个对角点分别拖动到虚拟图纸外，调整浮动窗口后的结果如图8.10所示。

6）在任意工具栏点右键，在弹出的工具栏菜单中选择"视口"工具栏，再将"视口"工具栏的比例值调整为图纸比例左右，重设视口比例后的显示效果如图8.11所示。

7）使用键盘中的Esc键退出夹点操作，然后单击"标准"工具栏的打印预览按钮，图形的完全预览效果如图8.12所示。

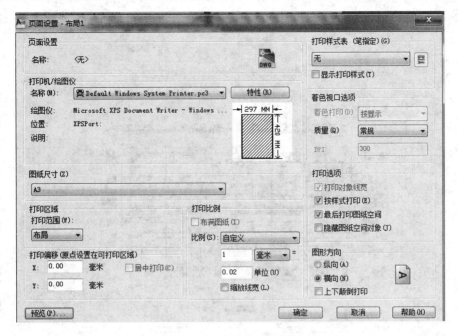

图 8.8 "布局设置"对话框

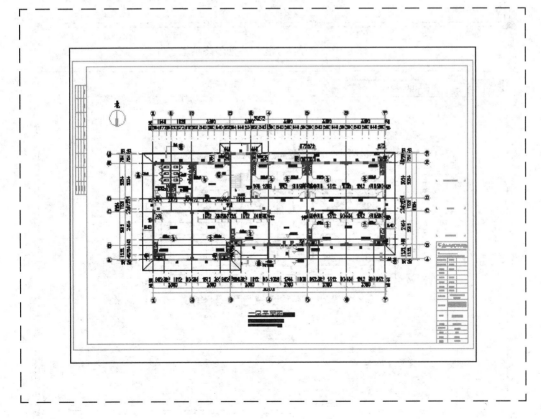

图 8.9 图纸空间的图形

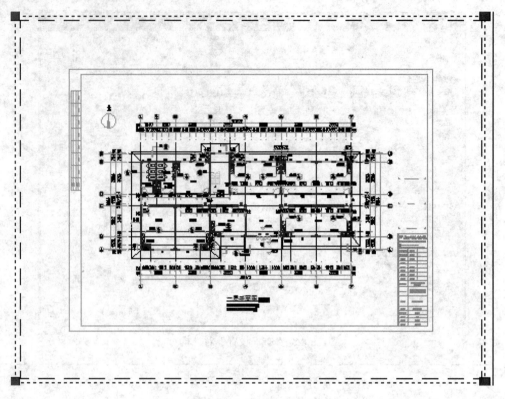

图 8.10　调整浮动窗口后的最终结果

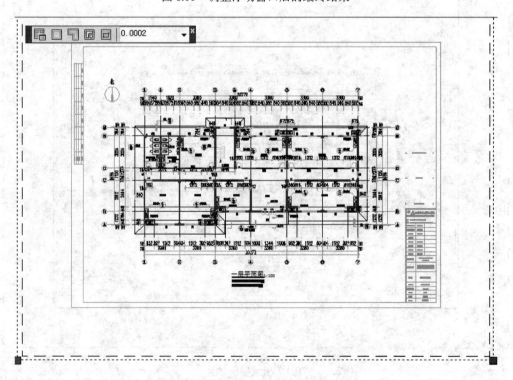

图 8.11　重设视口比例后的显示效果

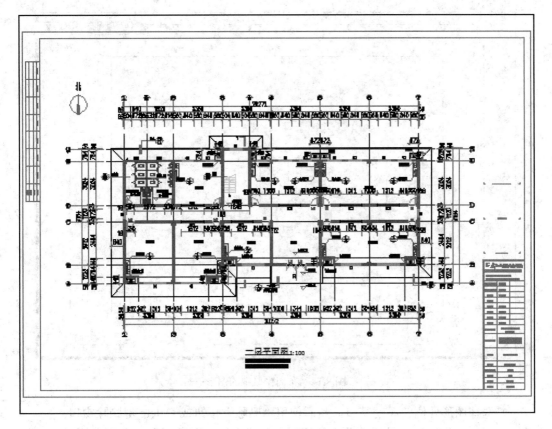

图 8.12 利用布局打印图形的预览效果

（3）布局空间打印不同比例的图形。

在打印图形时，往往需要多个不同比例的图形打印在同一个图纸上，这就需要使用 AutoCAD 提供的多比例打印功能。下面将以打印图 8.13 为例学习多比例打印的具体过程。

1）打开 AutoCAD，绘制图 8.13 所示图形，并进行标注。

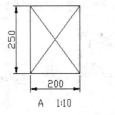
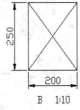
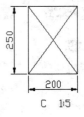

图 8.13 打印实例

2）单击"布局 1"选项卡，在"页面设置管理器"对话框中单击"修改"按钮，然后在弹出的"页面设置-布局 1"对话框中选择"DWG TO PDF.pc3"绘图仪，选择"ISO A4（297.00mm×210.00mm）"图纸，并将打印比例设置为"自定义"。

3）关闭"页面设置-布局 1"和"页面设置管理器"对话框，布局窗口中的图形如图 8.14 所示。

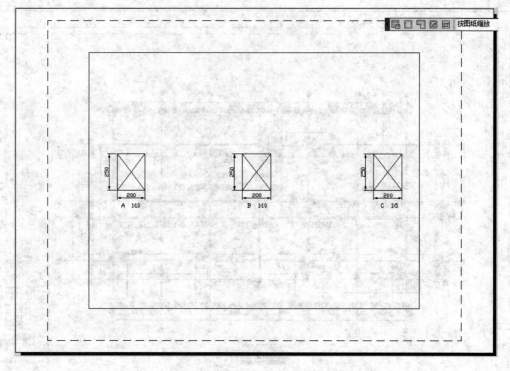

图 8.14　布局窗口中的图形

4）选择图形外侧的浮动窗口，然后使用"删除"按钮或 Delete 键删除窗口。

5）调出"视口"工具栏，单击按钮（显示"视口"对话框），在弹出的"视口" | "新建视口"对话框中选择"三个：右"选项，如图 8.15 所示。

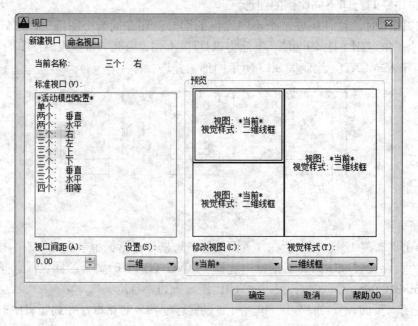

图 8.15　"视口" | "新建视口"对话框

6）单击"确定"按钮，关闭"视口"对话框。

命令：_VPORTS
指定第一个角点或[布满（F）]<布满>：（按 Enter 键）
正在重生成布局。
正在重生成模型。（多视口显示后的布局窗口如图 8.16 所示）

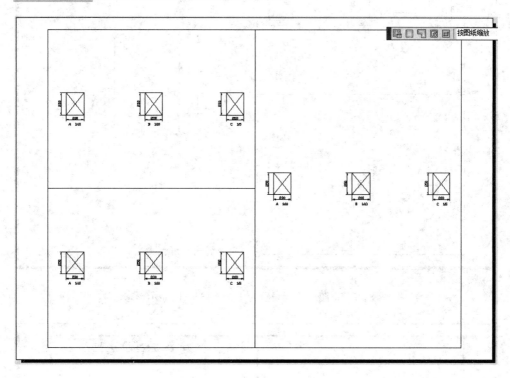

图 8.16　多视口显示后的布局窗口

7）选择右侧的浮动窗口，在"视口"工具栏中的比例窗口中将图形比例设置为"1∶5"，此时当前视口中的显示形态如图 8.17 所示。

8）单击右下角状态栏中的"图纸"按钮，使其显示为模型按钮切换到模型空间，此时右侧的浮动窗口将处于激活状态。

9）单击"标准"工具栏中的实时平移按钮，在右侧的浮动窗口中拖拽鼠标，使"C 1∶5"图形显示在当前视口中，如图 8.18 所示。

10）再次单击状态栏中的"模型"按钮，使其显示为"图纸"按钮，切换到图纸空间，选择左上角的浮动窗口，在"视口"工具栏中将比例设置为"1∶10"。

11）再次切换到模型空间，利用实施平移按钮使"A　1∶10"图形显示在当前视口中。

12）利用相同的方法将左下角的浮动窗口比例设置为"1∶10"，并在模型空间中将"B 1∶10"图形在视口中显示出来，如图 8.19 所示。

13）再次切换到图纸空间，单击"标准"工具栏中的打印预览按钮，图形的完全预览效果显示出来，如图 8.20 所示。

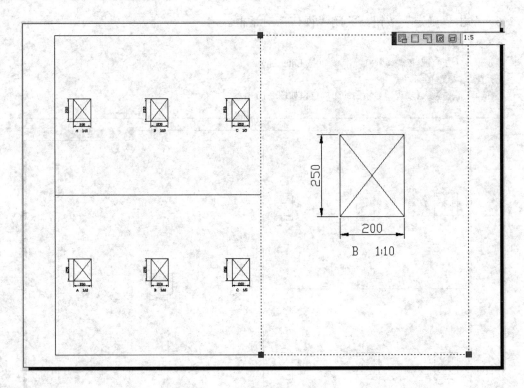

图 8.17　将图形比例设置为 1∶5 时视口的显示形态

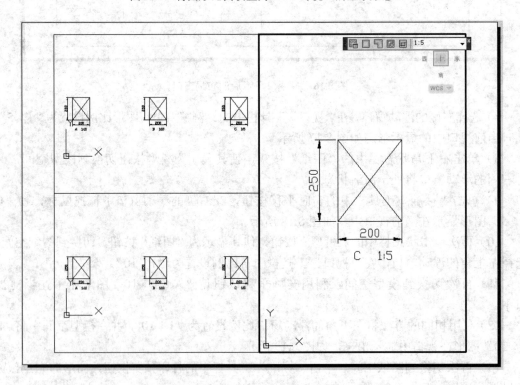

图 8.18　拖拽鼠标使 "C 1∶5" 图形显示在当前视口

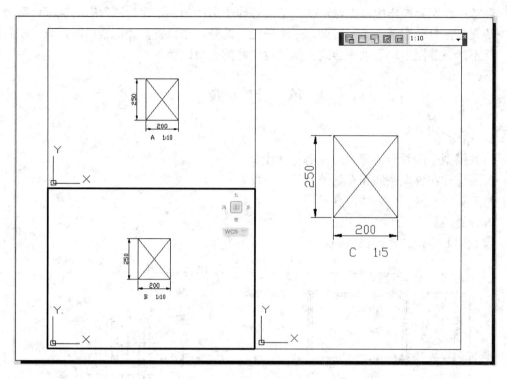

图8.19 浮动窗口比例设置为1∶10的显示效果

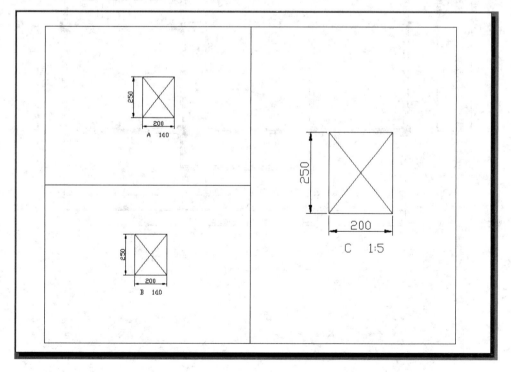

图8.20 图形的完全预览效果

注意：在实际操作中，无论从哪个空间打印图形，都应该保持图形中的文字、符号和线型等元素在打印图纸中比例协调、大小适当；此外，在设置多比例视口时，只能平移图形，而不能缩放图形，否则将会改变已经设定好的视口比例。

练 习 题

1．概念题

（1）模型空间和布局空间的作用各是什么？

（2）怎样在模型空间和布局空间打印图形？

（3）页面设置包含哪些内容？

2．操作题

绘制图 8.21，并打印在 A4 图纸上。

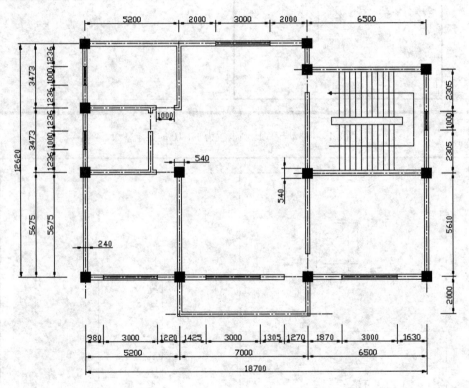

图 8.21

第 9 章

天正建筑软件概述

前面介绍 AutoCAD 2010 的基本知识及使用方法，但在实际的建筑工程设计中，直接用 AutoCAD 2010 绘图只占了其中一部分，更多的是采用二次开发的专用软件，本章将为用户介绍天正建筑软件的基本知识。

天正公司从 1994 年开始就在 AutoCAD 图形平台上开发了一系列的建筑、暖通、电气等专业软件，特别是天正建筑软件，由于具有人性化、智能化、参数化、可视化等多个重要特征，提高了绘图工作效率，得到了广泛的应用。

天正建筑软件目前在各建筑设计院得到了广泛的应用，是因为其对建筑制图中涉及的反复出现、必然出现、必须符合建筑制图规范等的要求，软件开发者均制成了建筑模块，应用上方的快捷键，学习上也简单易懂。天正对象除了对象编辑命令外，还可以用夹点拖动、特性编辑、在位编辑、动态输入等多种手段调整对象参数。

9.1 功 能 介 绍

1. 自定义对象构造专业构件

天正开发了一系列自定义对象表示建筑专业构件，具有使用方便、通用性强的特点。例如，各种墙体构件具有完整的几何和材质特征，可以像 AutoCAD 的普通图形对象一样进行操作，可以用夹点随意拉伸改变几何形状，与门窗按互相关系智能联动，显著提高编辑效率。

2. 完善的用户接口

天正建筑具有旧图转换的文件接口，可将 TArch3.0 以下版本天正软件绘制的图形文件转换为新的对象格式，方便原有用户的快速升级。同时提供了图形导出命令的文件接口，可将 TArch8.0 新版本绘制的图形导出，作为下行专业条件图使用。

3. 方便的智能化菜单系统

天正建筑采用 256 色图标的新式屏幕菜单，图文并茂、层次清晰、折叠结构支持鼠标滚轮操作，使子菜单之间切换快键。

屏幕菜单的右键功能丰富，可执行命令帮助、目录跳转、启动命令、自定义等操作。

在绘图过程中，右键快捷菜单能感知选择对象类型，弹出相关编辑菜单，可以随意定制个性化菜单适应用户习惯，汉语拼音快捷命令使绘图更快捷。

4. 支持多平台的对象动态输入

天正建筑软件引入了对象动态输入编辑的交互方式,适用于从 2004 年起的多个 AutoCAD

平台，这种在图形上直接输入对象尺寸的编辑方式，有利于提高绘图效率。

5. **强大的状态栏功能**

状态栏中的比例控件可设置当前比例和修改对象比例，还提供了墙基线显示、加粗、填充和动态标注控制、DYN 动态输入控制。所有状态栏按钮都支持右键快捷菜单进行开关与设置。

6. **先进的专业化标注系统**

天正建筑软件设计针对建筑行业图纸尺寸标注开发了专业化的标注系统，轴号、尺寸标注、符号标注、文字标注都使用了自定义对象进行操作，取代了传统的尺寸、文字对象。并且提供了方便的尺寸编辑功能。同时按照制图规范的图例符号创建了自定义的专业符号标注对象，并提供了夹点编辑功能。

7. **全新的文字表格功能**

天正建筑软件的自定义文字对象可方便地书写和修改中西文混排文字，方便地输入和变换文字的上下标，输入特殊字符，书写加圈文字等。文字对象可分别调整中西文字体各自的宽高比例，使中西文字混合标注符合国家制图标准的要求。此外，天正文字还可以对背景进行屏蔽，以获得清晰的图面效果。新增的文字在位编辑功能可为整个图形中的文字编辑服务，双击文字即可进入文字编辑框，提供了前所未有的方便性。

天正建筑软件中的表格使用了先进的表格对象，其交互界面类似于 Excel 的电子表格编辑界面。表格对象具有层次结构，用户可以完整地把握如何控制表格的外观表现，制作出个性化的表格。天正建筑软件的表格功能还实现了与 Excel 的数据双向交换，提高了表格绘制的效率。

8. **强大的图库管理系统和图块功能**

天正建筑软件的图库管理系统采用先进的编程技术，支持贴附材质的多视图图块，还可以同时打开多个图库。

天正建筑软件图块提供 5 个夹点，用户直接拖动图块的夹点即可实现对角缩放、旋转、移动等编辑功能。用户可对图块附加"图块屏蔽"特性，图块可以遮挡背景对象而无需对背景对象进行裁剪。

9. **与 AutoCAD 兼容的材质系统**

天正建筑软件提供了与 AutoCAD 2006 以下版本渲染器兼容的材质系统，包括全中文标示的大型材质库、具有材质预览功能的材质编辑和管理模块，对象模型同时支持 AtuoCAD 2007～AutoCAD 2009 版本的材质定义与渲染，为选配建筑渲染材质提供了便利。

10. **工程管理器兼有图纸集与楼层表功能**

天正建筑软件引入了工程管理概念，工程管理器将图纸集和楼层表合二为一，将与整个工程相关的建筑平面图、立剖面、三维组合、门窗表、图纸目录等功能完全整合在一起，同时进行工程图形文档的管理。无论是在工程管理器的图纸集中，还是在楼层表中双击文件图标，都可以直接打开图形文件。

天正建筑软件允许用户使用一个 DWG 文件保存多个楼层平面，也可以每个楼层平面分别保存一个 DWG 文件，甚至可以两者混合使用。

11．全面增强的立剖面图绘制功能

天正建筑随时可以从各层平面图中获得三维信息，按楼层表组合，消隐或生成立面图与剖面图，生成步骤得到简化，成图质量明显提高。

12．提供工程数据查询与面积计算功能

在建筑平面图设计完成后，系统可以统计门窗数量，自动生成门窗表。可以获得各种构件的体积、重量、墙面面积等数据，作为其他分析的基础数据。

天正建筑软件提供了各种面积计算命令，用户可方便地计算房间净面积、建筑面积、阳台面积等，还可以按照《住宅建筑设计规范》（GB 50096—2011）以及建设部限制大户型比例的有关文件，统计住宅的各项面积指标。

13．基本设置和用户定制功能更加丰富

提供了可选平台启动天正软件的崭新功能，自动识别用户安装或卸载的 AutoCAD 平台版本，无需重新安装天正建筑软件。选项和自定义设置均可导出 XML 文件，供其他用户导入，实现参数配置的共享，也可通过"恢复默认"恢复程序最初设置值。

14．完善对象体系功能更强大

在原有功能基础上，完善了墙体、门窗、自动扶梯与楼梯、屋顶、阳台、散水、标注符号等图形对象的绘制功能。简化了绘图过程，提高了绘图效率，使建筑施工图的绘制更加全面、细致、高效。

9.2 系统安装与配置

1．软硬件环境要求

天正建筑软件完全基于 AutoCAD 2000 以上版本的应用而开发，因此对软硬件环境要求取决于 AutoCAD 平台的要求。由于用户的工作范围不同，硬件的配置也应有所区别。AutoCAD 应用软件倚重滚轮进行缩放与平移，鼠标附带滚轮十分重要，因此应确认鼠标支持滚轮缩放和中键（滚轮兼作中键用）平移。显示器屏幕分辨率设置对绘图效率是很重要的，一般设置显示器在 1024×768 像素以上的分辨率工作，使用液晶显示器时应设置该面板的物理分辨率（达到点对点），否则显示器会采用插值算法显示比较模糊的图形，绘图的区域也很小。

2．程序安装

天正建筑 TArch 8.0 软件的正式商品以两张光盘发行，第一张是程序与图库安装盘，第二张是教学演示盘。在安装天正建筑软件前，首先要确认计算机上安装了 AutoCAD 2010，并能够正常运行。通过天正建筑软件第一张光盘的自启动菜单选择安装，或在资源管理器中双击安装程序的执行文件，均可运行安装文件"Setup.exe"，首先根据提示选择授权方式，并选择需要安装的功能。单击"下一步"按钮开始安装。最后提示用户是否安装加密狗驱动程序，首次安装时必须单击"确定"按钮，安装加密狗驱动。

安装完毕后在桌面自动建立"天正建筑 8"快捷图标，双击图标即可运行安装好的天正建筑 TArch8.0 程序。

3. 天正选项

单击该选项后，出现一个"天正选项"对话框，如图9.1所示。

图9.1 "天正选项"对话框

天正选项里一共有3个选项，分别是基本设定、加粗填充和高级选项。一般情况下，基本设定和高级选项也不需要再做设置，而对于墙线和柱子断面，如果在绘图时需要加粗或填充，则需要进行该项的设置，方法是直接勾选其中的"对墙柱进行内向加粗"和"对墙柱进行图案填充"，如图9.2所示。

图9.2 墙柱的加粗和填充设置

说明：如果在绘制墙柱时忘了设置，也就是墙线没加粗、柱断面没填充，则可以采取这样的方法。设置完了之后，把所绘制的图形全部删除，然后再还原回来，就达到全部加粗和填充的结果。

4. 自定义

单击该选项后，出现一个"天正自定义"对话框，如图9.3所示。

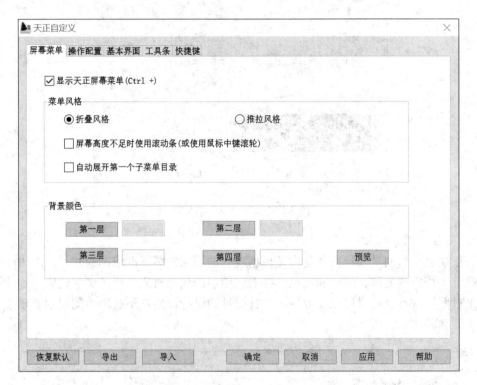

图9.3 "天正自定义"对话框

天正自定义里一共有5个选项，这些选项一般情况下不需要另外设置，以免今后与人交流电子版时出现不必要的误导，在此就不再叙述。

5. 当前比例

单击该选项时，会在命令栏里出现如图9.4所示的提示。该项比例的选择，首先要明白的一点是，将来的打印比例是多少，如果是1∶100打印的，则取默认值<100>。

```
命令: T81_TCustomize
命令: T81_TPScale
当前比例<100>:*取消*
```

图9.4 当前比例的设置

6. 文字样式

单击该选项时，会出现如图9.5所示的对话框。该选项经常要设置，主要看设计者对图形文字的字体标准要求而定。一般而言，为符合国家制图标准的中文字体是长仿宋体字的要求，"文字样式"里的"中文参数"不再进行设置，而中西文的比例不太符合标准（中文的矮，西文的高），需要将"西文参数"下的"字宽方向"设为0.9，"字高方向"也设为0.9，则改后的中西文字高才一致。

图 9.5 "文字样式"对话框

7. 图层管理

天正建筑软件的最大特点就是它是根据现行的国家制图标准编制的软件，对每一个图层都设置了相应的名称、颜色和线型，并对该图层的使用对象进行了文字说明，这让用户在将来对图层进行管理时可以很方便、有针对性地进行，用户不必再为图层的繁琐设置而头疼（图 9.6）。

图层关键字	图层名	颜色	线型	备注
轴线	DOTE		CONTINUOUS	此图层的直线和弧认为是平面轴线
阳台	BALCONY		CONTINUOUS	存放阳台对象，利用阳台做的雨蓬
柱子	COLUMN	9	CONTINUOUS	存放各种材质构成的柱子对象
石柱	COLUMN	9	CONTINUOUS	存放石材构成的柱子对象
砖柱	COLUMN	9	CONTINUOUS	存放砖砌筑成的柱子对象
钢柱	COLUMN	9	CONTINUOUS	存放钢材构成的柱子对象
砼柱	COLUMN	9	CONTINUOUS	存放砼材料构成的柱子对象
门	WINDOW	4	CONTINUOUS	存放插入的门图块
窗	WINDOW	4	CONTINUOUS	存放插入的窗图块
墙洞	WINDOW	4	CONTINUOUS	存放插入的墙洞图块
防火门	DOOR_FIRE	4	CONTINUOUS	防火门
防火窗	DOOR_FIRE	4	CONTINUOUS	防火窗
防火卷帘	DOOR_FIRE	4	CONTINUOUS	防火卷帘
轴标	AXIS	3	CONTINUOUS	存放轴号对象，轴线尺寸标注
地面	GROUND	2	CONTINUOUS	地面与散水
道路	ROAD	2	CONTINUOUS	存放道路绘制命令所绘制的道路线
道路中线	ROAD_DOTE		CENTERX2	存放道路绘制命令所绘制的道路中心线
树木	TREE	74	CONTINUOUS	存放成片布树和任意布树命令生成的植物
墙线	WALL	9	CONTINUOUS	存放各种材质的墙对象
石墙	WALL	9	CONTINUOUS	存放石材砌筑的墙对象
砖墙	WALL	9	CONTINUOUS	存放砖砌筑的墙对象

图 9.6 图层的设置

第 10 章

天正建筑软件平面图的绘制

10.1　创 建 轴 网 与 柱 子

　　轴网是由两组到多组轴线、轴号和尺寸标注组成的平面网格，轴线是指建筑物组成部分的定位中心线，是建筑物单体平面布置和墙柱构件定位的依据。绘制墙体、楼梯、门窗等均以定位轴线为基准，以确定其平面位置与尺寸。完整的轴网由轴线、轴号和尺寸标注三个相对独立的系统构成，如图 10.1 所示。

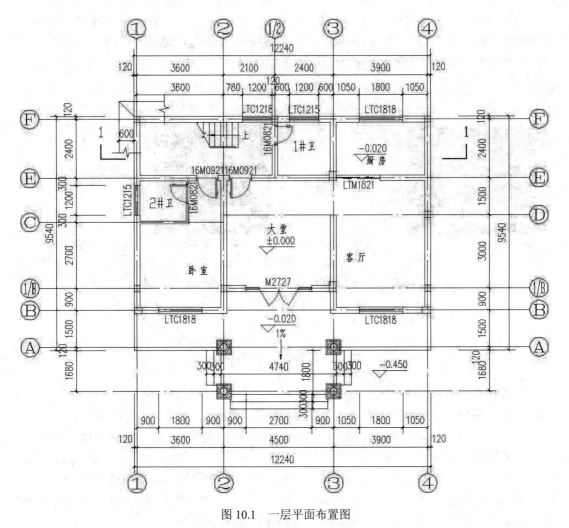

图 10.1　一层平面布置图

10.1.1　绘制轴网

1．功能

在天正建筑软件中，用户可以直接创建直线轴网、斜交轴网和圆弧轴网。直线轴网功能用于生成正交轴网、斜交轴网或单向轴网。圆弧轴网由一组同心弧和不过圆心的径向直线组成，常与其他轴网组合，端部径向轴线由两轴网共用。另外，用户还可以用墙体命令直接绘制平面草图，然后利用"墙身轴网"命令生成轴网。

2．命令调用

调用"绘制轴网"可通过以下几种方法：

（1）单击快捷工具栏上的"绘制轴网"按钮。

（2）选择"轴网柱子"｜"绘制轴网"命令。

（3）在命令行中输入"Hzzw"，并按 Enter 键执行命令。

3．操作示例

执行该命令，程序将会弹出如图 10.2 所示的"绘制轴网"对话框，程序提供了"直线轴网"和"圆弧轴网"两个选项卡。"直线轴网"是指由横竖双向轴线构成的平面网络，"圆弧轴网"是指平面图带有弧形墙或其他弧形造型的建筑结构而设置的轴线。

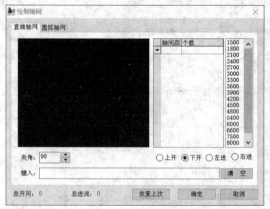　　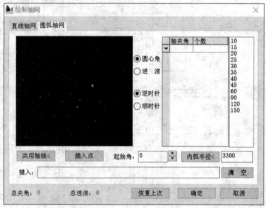

（a）"直线轴网"选项卡　　　　　　　　　　　（b）"圆弧轴网"选项卡

图 10.2　"绘制轴网"对话框

在对话框中输入开间和进深各项参数时，注意开间是从左到右输入，进深是从下到上输入。输入参数的方式可以是"添加"，也可以利用"输入"的方式。

图 10.1 中的开间数值输入如图 10.3 所示。由于上下开间尺寸是一样的，只需要输入一边的尺寸即可。

图 10.1 中的左进深数值输入如图 10.4 所示，右进深数值输入如图 10.5 所示。

开间和进深输入完成后，点击"确定"按钮，在 AutoCAD 绘图区内找好图形所在位置，然后点击鼠标左键，即可得到如图 10.6 所示的轴网平面图。

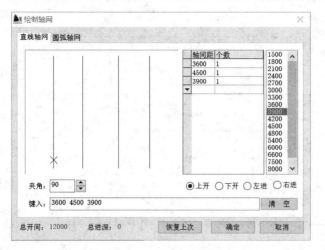

图 10.3　开间数值输入

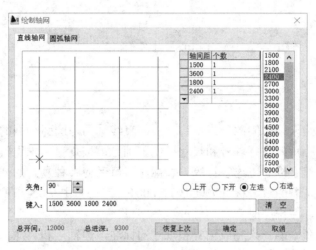

图 10.4　左进深数值输入

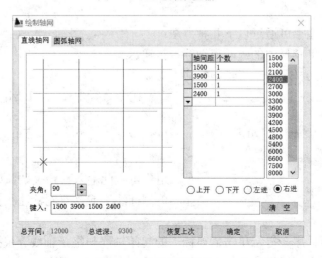

图 10.5　右进深数值输入

图 10.6　轴网平面图

10.1.2　轴网标注

1. 功能

轴网标注是对始末轴线间的一组平行轴线（直线轴网与圆弧轴网的进深）或者径向轴线（圆弧轴线的圆心角）进行轴号和尺寸标注。轴号可按规范要求用数字、大写字母、小写字母、双字母、双字母间隔连字符等方式标注，可适应各种复杂的分区轴网。天正软件系统按照《房屋建筑制图统一标准》（GB/T 50001—2010）中 7.0.4 条的规定字母 I、O、Z 不可用于轴线编号，在排序时会自动跳过这些字母。

尽管轴网标注命令能一次完成轴号和尺寸的标注，但轴号和尺寸标注两者属独立存在的不同对象，不能联动编辑，用户修改轴网时应注意自行处理。

2. 命令调用

调用"轴网标注"可通过以下几种方法：

（1）单击快捷工具栏中的"两点轴标"按钮。

（2）选择"轴网柱子"｜"轴网标注"命令。

（3）在命令行中输入"Ldzb"，并按 Enter 键执行命令。

执行该命令，程序将会弹出如图 10.7 所示的"轴网标注"对话框。若起始轴号不是默认值 1 或者 A 时，用户可在此输入自定义的起始轴号，还可以选择"单侧标注"或"双侧标注"轴号及尺寸。

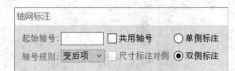

图 10.7　"轴网标注"对话框

3. 操作示例

执行该命令，程序会提示单击需要标注的起始轴线与终止轴线。根据提示完成操作，程序将按要求标注出所选轴线的轴号及尺寸，结果如图 10.8 所示。

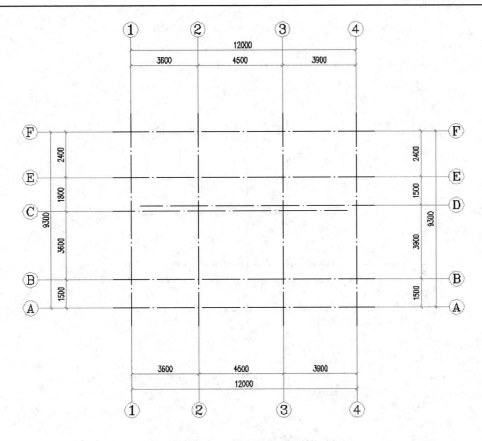

图 10.8 轴网标注结果

10.1.3 轴网编辑

为了更好地完成轴网绘制工作，天正建筑软件还提供了添加轴线、轴线裁剪、轴线改型、添补轴号与删除轴号等轴网编辑命令。

1. 添加轴线

该命令是在"两点轴标"命令完成后执行，可在矩形、弧形、圆形轴网中参考某一个已经存在的轴线，在其任意一侧添加一根新轴线，同时根据用户的选择赋予新的轴号，把新轴线和轴号一起融入到原有的参考轴号系统中，自动更新轴网的尺寸标注，并对后面的轴号进行重新排序。

以图 10.8 为例，选择菜单后，提示语言及操作过程如下：

选择参考轴线 <退出>: (此时用光标选择所添加轴线的附近主轴线⑧)
新增轴线是否为附加轴线?[是(Y)/否(N)]<N>:(输入 Y)
偏移方向<退出>:(光标在⑧轴上侧点击一下)
距参考轴线的距离<退出>:(输入新增轴线和参考轴线的距离 900,回车,即可完成创建㉕轴)

使用相同方法添加轴线㉜，结果如图 10.9 所示。

2. 轴线裁剪

该命令可根据设定的多边形与直线范围，裁剪多边形内的轴线或者某一侧的轴线。

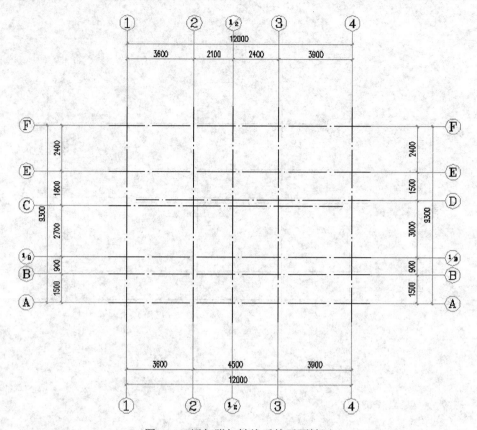

图 10.9　添加附加轴线后的平面轴网

3. 轴线改型

该命令功能是在点划线和连续线两种线型之间切换。建筑制图要求轴线必须使用点划线，但由于点划线不便于对象捕捉，因此常在绘图过程使用连续线，在输出的时候切换为点划线。

4. 添补轴号

该命令可在矩形、弧形、圆形轴网中对新增轴线添加轴号，新添轴号成为原有轴网轴号对象的一部分，但不会生成轴线，也不会更新尺寸标注，适合为以其他方式增添或修改轴线后进行的轴号标注。

5. 删除轴号

该命令用于在平面图中删除个别不需要的轴号，被删除轴号两侧的尺寸合并为一个尺寸，并可根据需要决定是否调整轴号，用户可框选多个轴号一次删除。

10.1.4　创建柱子

1. 功能

天正建筑软件以自定义对象来表示柱子，但各种柱子对象的定义不同。标准柱用底标高、柱高和柱截面参数描述其在三维空间的位置和形状；构造柱用于砖混结构，只有截面形状而没有三维数据描述。

使用"标准柱"命令可以在轴线的交点或任意位置插入矩形柱、圆柱或正多边形柱，还可以创建异形柱。使用"角柱"命令可以在墙角插入位置及形状与墙体一致的角柱，用户可更改角柱各肢的长度和宽度，高度为当前层高。使用"构造柱"命令可以在墙体拐角处、纵横墙交叉处或墙体内插入构造柱，用户可以依据所选择的墙角形状为基准，输入构造柱的具体尺寸并指定对齐方式。

用户可利用夹点功能和其他编辑功能移动和修改插入到图中的柱子，对于标准柱的批量修改，用户可以使用"替换"的方式修改。

2．命令调用

（1）标准柱。调用"标准柱"可通过以下几种方法：

1）选择"轴网柱子"｜"标准柱"命令。

2）在命令行中输入"Bzz"，并按 Enter 键执行命令。

执行该命令，程序将会弹出如图 10.10 所示的"标准柱"对话框。

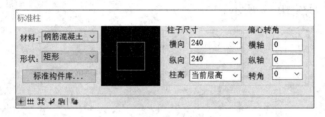

图 10.10 "标准柱"对话框

在该对话框中，用户可以设置柱的参数，包括截面形状、柱子材料、柱子尺寸，也可以从构件库中选取不同类型的柱。完成参数设置后，在对话框下侧点取工具栏图标，选择柱子的定位方式，提供的定位方式有"点选插入柱子""沿一根轴线布置柱子""指定的矩形区域内的轴线交点插入柱子""替换图中已插入的柱子""选择 Pline 线创建异形柱"和"在图中拾取柱子形状或已有柱子"。

（2）角柱。调用"角柱"可通过以下几种方法：

1）选择"轴网柱子"｜"角柱"命令。

2）在命令行中输入"Jz"，并按 Enter 键执行命令。

执行该命令，程序将会提示"请选取墙角"，选取需要插入角柱的墙角后，程序将会弹出如图 10.11 所示的"转角柱参数"对话框。

图 10.11 "转角柱参数"对话框

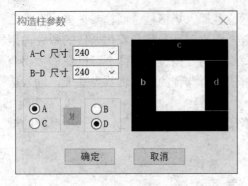

图 10.12　"构造柱参数"对话框

（3）构造柱。调用"构造柱"可通过以下几种方法：

1）选择"轴网柱子" | "构造柱"命令。

2）在命令行中输入"Gzz"，并按 Enter 键执行命令。

执行该命令，程序将会提示"请选取墙角"。选取需要插入构造柱的墙角后，程序将弹出如图 10.12 所示的"构造柱参数"对话框。

3．操作示例

执行"标准柱"命令，在"标准柱"对话框中将柱子材质改为"钢筋混凝土"，柱子形状设为"矩形"，截面尺寸为 240mm×240mm，柱高设为"当前高层"，并选择使用"指定的矩形区域内的轴线交点插入柱子"方式，为轴网插入柱子。结果如图 10.13 所示。

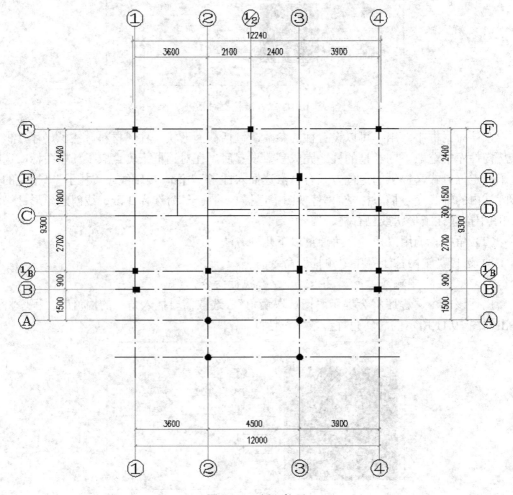

图 10.13　插入柱子

用户可以在"标准柱"对话框中输入新的参数，并单击"替换图中已插入的柱子"按钮，对图中已有的柱子进行替换。也可以双击已有的柱子，在弹出的"标准柱"对话框中更改柱子参数。用户还可以使用 AutoCAD 的"特性"选项卡对柱子进行批量编辑。

10.2 创 建 墙 体

墙体是天正建筑软件中的核心对象，它模拟实际墙体专业特性构建而成，因此可实现墙角的自动修剪、墙体之间按材料特性连接、与柱子和门窗互相关联等特性。并且墙体是建筑物房间的划分依据，因此理解墙体对象的概念非常重要。墙体对象不仅包含位置、高度、厚度这样的几何信息，还包括墙体类型、材料、内外墙这样的内在属性。

一个墙体对象是柱间或墙角间具有相同特性的一段直墙或弧墙单元，墙体对象与柱子围合而成的区域就是房间，墙体对象中的"虚墙"作为逻辑构件，围合建筑中挑空的楼板边界与功能划分的边界（如在住宅空间内餐厅与客厅的划分），由此可以查询得到各自的房间面积数据。

10.2.1 墙体概念

1. 墙体基线

墙体基线是墙体的定位线，通常位于墙体内部并与轴线重合，墙体的两条边线就是依据基线按左右宽度确定的。墙体基线同时也是门窗的测量基准，墙体长度指该墙体基线的长度，弧窗宽度指弧窗在墙体基线上的长度。墙体基线只是逻辑概念，出图时不会打印到图纸上。

墙体的相关判断都是依据基线，比如墙体的连接相交、延伸和剪裁等，因此互相连接的墙体基线应准确交接。天正建筑软件规定墙体基线不可重合，如果在绘制过程中产生重合墙体，系统将弹出警告，并要求用户选择删除墙体重合部分。

2. 墙体的用途及特征

天正建筑软件所定义的墙体按用途分为以下几类：

（1）一般墙：包括建筑物的内外墙，参与材料的加粗和填充。

（2）虚墙：用于空间的逻辑分隔，以便计算房间面积。

（3）卫生间隔断：卫生间隔断用的墙体或隔板，不参与加粗填充与房间面积计算。

（4）矮墙：表示在水平剖切线下的可见墙（如女儿墙），不会参与加粗和填充。矮墙的优先级低于其他所有类型的墙，矮墙之间的优先级由墙高决定，不受墙体材料控制。对一般墙还可以进一步以内外特性分为内墙、外墙两类。用于节能计算时，室内外温差计算不必考虑内墙影响，用于组合生成建筑透视三维模型时，也可不考虑内墙，提高渲染速度。

3. 墙体材料

墙体的材料类型用于控制墙体的二维平面图效果。相同材料的墙体在二维平面图上的墙角可连通一体，系统约定按优先级高的墙体打断优先级低的墙体的预设规律处理墙角清理。优先级由高到低的材料依次为钢筋混凝土墙、石墙、砖墙、填充墙、示意幕墙和轻质隔墙。

10.2.2　墙体的绘制

1．功能

执行"绘制墙体"命令，程序将弹出"绘制墙体"对话框，用户可以设定墙体参数，不必关闭对话框即可直接使用"直墙""弧墙"和"矩形布置"三种方式绘制墙体对象。用户还可以随时定义墙宽和墙高参数，在绘制过程中墙端点可以回退。另外，用户还可以利用"单线变墙"命令将直线、圆弧或轴网转换为墙体对象。

2．命令调用

调用"绘制墙体"可通过以下几种方法：

（1）单击快捷工具栏的"绘制墙体"按钮。

（2）选择"墙体"｜"绘制墙体"命令。

（3）在命令行中输入"Hzqt"，并按 Enter 键执行命令。

3．操作示例

执行"绘制墙体"命令，程序弹出如图 10.14 所示的"绘制墙体"对话框，包括墙宽编辑框、基线位置切换按钮、墙高和底高、墙体材料、墙体用途、绘制方式和捕捉开关。

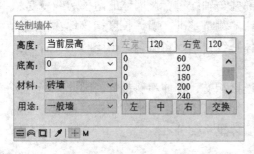

图 10.14　"绘制墙体"对话框

墙宽参数包括"左宽"和"右宽"两个参数。墙体的左、右宽是指沿墙体定位点顺序，墙体基线左侧部分和右侧部分的宽度。对于矩形绘制墙体，则分别对应基线内侧和外侧的宽度。其中"左宽""右宽"都可以是正数、负数或为零。

墙体基线位置设有"左""中""右"和"交换"四种方式，"左""右"是计算当前墙体总宽后，全部左偏或右偏的设置。例如当前墙体厚度为 240，单击"左"按钮后即可改为 240、0，"中"是当前墙体总宽居中设置，单击"中"按钮后即可改为 120、120，"交换"就是把当前左右墙厚交换方向。

在如图 10.14 所示对话框中设置要绘制墙体的参数，选择"直墙"方式绘制墙体，并利用"构造柱"命令为平面图的墙角处绘制构造柱，完成如图 10.15 所示的墙体绘制。

10.2.3　墙体编辑

墙体对象支持 AutoCAD 的通用编辑命令，用户可使用包括偏移、修剪、延伸、夹点编辑等命令进行墙体编辑。用户也可以通过双击墙体对象，激活墙体编辑对话框进行编辑。天正建筑软件还提供了倒墙角、倒斜角、修墙角、基线对齐、边线对齐、墙保温层、改墙厚、改外墙厚、改高度、改外墙高等墙体编辑功能。

（1）普通墙体对象编辑。双击要进行编辑的墙体，程序将会弹出如图 10.16 所示的对话框。对话框提供了墙体厚度列表、左右控制按钮和保温层的编辑，操作很方便。用户可以在对话框中修改墙体参数，然后单击"确定"按钮完成编辑。

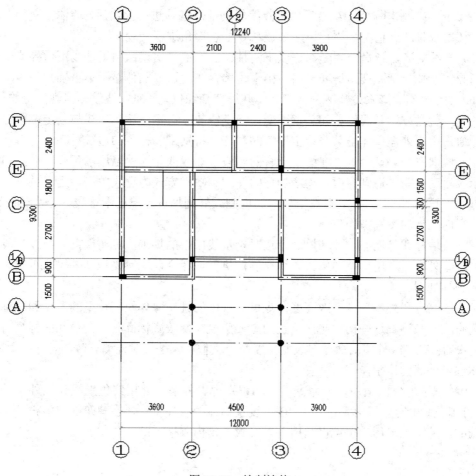

图 10.15 绘制墙体

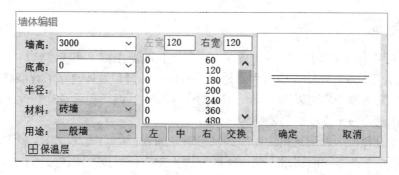

图 10.16 "墙体编辑"对话框

（2）倒墙角。该命令功能与 AutoCAD 圆角命令相似，专门用于处理两段不平行的墙体的端头交角，使两段墙体以指定圆角半径进行连接，圆角半径以墙中线为标准进行计算。

（3）倒斜角。该命令功能与 AutoCAD 的倒角命令相似，专门用于处理两段不平行的墙体的端头交角，使两段墙以指定倒角长度进行连接，倒角距离以墙中线为标准进行计算。

（4）修墙角。该命令提供对属性完全相同的墙体相交处的清理功能，当用户使用

AutoCAD 的某些编辑命令，或者使用夹点编辑功能对墙体进行操作后，墙体相交处有时会出现未按要求打断的情况，用户可采用该命令框选墙角进行处理。

（5）基线对齐。该命令用于纠正以下两种情况的墙线错误：由于基线不对齐或未精确对齐而导致墙体显示或搜索房间出错，由于短墙存在而造成墙体显示不正确。

（6）边线对齐。该命令用来对齐墙边，并维持基线位置不变，边线偏移到指定的位置。换句话说，就是维持基线位置和总宽不变，通过修改左右宽度达到边线与给定位置对齐的目的。通常用于处理墙体与某些特定位置的对齐，特别是和柱子的边线对齐。

（7）墙保温层。该命令可在图中已有的墙段上加入或删除保温层示意线，遇到门洞时该提示线自动打断，遇到窗时自动增加窗的厚度。缺省方式为逐段单击，用户也可在命令执行过程中输入"I"或"E"，对选中外墙的内侧或外侧加设保温层示意线。运行该命令前，应先执行内外墙的识别操作。

（8）改墙厚和外墙厚。改墙厚命令按照墙基线居中的规则，可实现批量修改多段墙体的厚度。改外墙命令用于整体修改外墙厚度，执行该命令前应事先识别外墙，否则无法找到外墙进行处理。

（9）改高度和外墙高度。改高度命令可对选中的柱、墙体及其造型的高度和底标高进行批量修改，是调整这些构件竖向位置的主要手段。修改底标高时，门窗底的标高可以和柱、墙联动修改。改外墙高命令与改变高度命令类似，只是仅对外墙有效，运行该命令前，应已作过内外墙的识别操作。

（10）识别内外。识别内外命令可自动识别内、外墙，并用红色虚线亮显外墙外边线（用户可用重画命令消除亮显虚线），还可设置墙体的内外特征，在建筑的节能设计中要使用外墙的内外特征，用户也可以利用手工方式指定内外墙。

10.3 创 建 门 窗

10.3.1 门窗概念

天正建筑软件中的门窗是一种附属于墙体并需要在墙上开启洞口，带有编号的AutoCAD 自定义对象，包括通透的和不通透的墙洞。门窗和墙体建立了智能联动关系。门窗和其他自定义对象一样可以用 AutoCAD 的命令和夹点编辑功能进行修改，并可通过电子表格检查和统计整个工程的门窗编号。

对于各类门和窗，天正建筑软件都提供了顺序插入、中心插入、墙垛插入、满墙插入等方式，用户可结合不同的需求，使用不同的插入方式，以提高绘图效率。

（1）普通门窗。在天正建筑软件中，普通门窗的二维视角和三维视角都用图块来表示，用户可以从门窗图库中分别挑选门窗的二维形式和三维形式。普通门的参数主要有编号、门宽、门高、门槛高，其中门槛高是指门的下缘到所在的墙底标高的距离，通常就是离本层地面的距离。普通窗的参数主要有编号、窗宽、窗高、窗台高，它比普通门多了一个"窗高"复选框控件，勾选后将会按规范图例以虚线表示窗高。

（2）弧窗。弧窗是安装在弧墙上，具有与弧墙相同的曲率半径的弧形玻璃。二维视图用三线或四线表示，缺省的三维视图为一弧形玻璃加四周边框，用户可以用屏幕菜单中的"门窗工具"下提供的"窗棂展开"与"窗棂映射"命令来添加更多的窗棂风格。

（3）凸窗。即外飘窗。二维视图依据用户的选定参数确定，默认的三维视图包括窗楣与窗台板、窗框和玻璃。对于楼板挑出的落地凸窗和封闭阳台，平面图应该使用带形窗来实现。矩形凸窗还可以设置两侧是玻璃或挡板，并可设置挡板的厚度。

（4）门连窗。门连窗是一个门和一个窗的组合，在门窗表中作为单个门窗进行统计，缺点是门的平面图例固定为单扇平开门，用户可根据需要选择"组合门窗命令"来生成特殊形式的门连窗。

（5）子母门。子母门是两个平开门的组合，在门窗表中作为单个门窗进行统计，缺点与门连窗相同，优点是参数定义比较简单。

（6）组合门窗。组合门窗可以把已经插入的两个以上普通门和窗组合为一个对象，作为单个门窗对象统计，用户可以单独控制组合门窗各个成员的平面和立面形式。

（7）转角窗。转角窗是跨越两段相邻转角墙体的普通窗或凸窗。用户可以通过"对象特性"在窗口将其设置为转角洞口。另外，转角凸窗还具有窗楣和窗台板，侧面遇到墙体时可以自动剪裁。

（8）带型窗。带型窗是跨越多段墙体的多扇普通窗的组合，多扇窗共享一个编号。

（9）门窗编号。门窗编号用来标识尺寸、材料与工艺相同的门窗。门窗编号是门窗对象的文字属性，在插入门窗时可直接输入门窗编号或通过"门窗编号"命令自动生成，用户可通过编辑修改门窗编号。系统在插入门窗或修改门窗编号时，会在同一图形文件内检查相同编号的门窗洞口尺寸和外观是否相同，用户也可以通过"门窗检查"命令检查同一图形文件中门窗编号是否满足这一规定。

（10）高窗和上层窗。高窗和上层窗是门窗的属性，两者都是指位于平面图默认剖切高度的平面以上的窗户。两者区别是高窗用虚线表示二维视图，而上层窗没有二维视图，只提供门窗编号。

10.3.2 创建门窗

1. 功能

门窗是天正建筑软件中的核心对象之一，类型和形式非常丰富，大部分门窗都使用矩形的标准洞口，并且在一段墙或多段相邻墙内连续插入，用户还可以选定门窗的二维和三维样式。使用门窗命令，可以在墙体对象上插入可定制形状的门窗，包括平开门、推拉门、推拉门窗、门连窗、子母门、弧窗、凸窗、矩形洞等类型，它们的定位方式基本相同。

2. 命令调用

调用"门窗"可通过以下几种方法：

（1）单击快捷工具栏中的"门窗"命令按钮。

（2）选择"门窗"｜"门窗"命令。

（3）在命令行中输入"MC"，并按 Enter 键执行命令。

"门窗参数"对话框如图 10.17 所示。

图 10.17 "门窗参数"对话框

3. 使用说明

（1）对话框下面有一排小图标，中间有一个双线"‖"隔开它们，双线"‖"左边的图标，表示门窗的插入方式，右边表示门窗类型，一般先选择好门窗类型后，再选择门窗插入方式。

（2）左右各有一个门窗示意图，分别表示平面和立面类型；示意图也是个按钮，点击后，可以进入"天正图库管理系统"，用户可以选择需要的门窗类型；平面类型是创建平面门窗样式的，立面类型是为后续立面的创建做好基础，减少操作步骤而设的。

（3）中间有四个数值输入框，用户可根据自己拟定的数值键入。

（4）门窗的创建一般是先开门、后开窗。

10.3.2.1 创建门

1. 创建带踩平开门

在如图 10.17 所示的对话框里，选择门出入方式"踩宽定距插入"，在"编号"选项键入门的型号，"门宽""距离"键入相应数值，其他不变；提示语言及操作步骤如下：

点取门窗大致的位置和开箱(Shift-左右开)<退出>:（注意插入原则：靠着墙角点墙线，外开门点外墙线，内开门点内墙线，改变门窗位置按 Shift 键）

按照图 10.18 和图 10.19 所示参数对话框插入门 16M0921、门 16M0821。

图 10.18 门 16M0921 参数

图 10.19 门 16M0821 参数

2. 创建墙段中心特殊平开门

推拉门 M2727 的插入说明：选择门插入方式"在点取的墙段上等分插入"，在"编号"

项键入 M2727，"门宽"键入 2700，"门高"项键入 2700，然后点击平面类型示意图，进入"天正图库管理系统"，点击打开"DorLid2D"前的"+"号，在门类型列表里选择"平开门"，然后点取"双扇平开门（两侧有固定扇）"，直接双击图形完成平面门类型的设置，如图 10.20 所示；立面门的类型选择方法同平面门的设置方法，如图 10.21 所示。用光标点取要插入门的墙线，按 Enter 键即可完成门的插入。

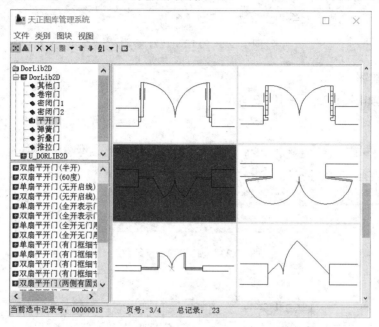

图 10.20 "天正图库管理系统"的平面门设置

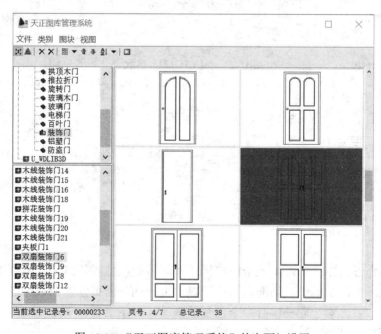

图 10.21 "天正图库管理系统"的立面门设置

用上面的方法，创建门 LTM1821 参数如图 10.22 所示。

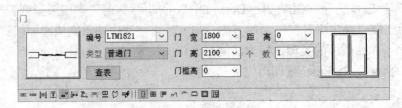

图 10.22　门 LTM1821 参数

10.3.2.2　创建窗

各窗参数如图 10.23～图 10.25 所示。

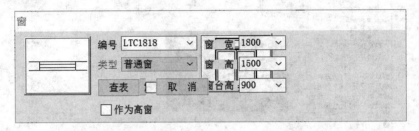

图 10.23　窗 LTC1818 参数

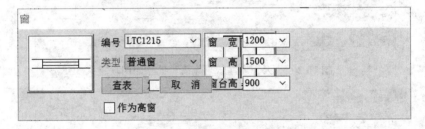

图 10.24　窗 LTC1215 参数

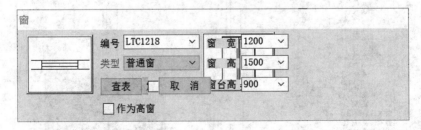

图 10.25　窗 LTC1218 参数

说明：

（1）当操作过程结束，发现某个门窗样式或编号或尺寸需要修改时，可以直接双击门窗线，会弹出一个门窗编辑对话框，用户可以对框内的任何可修改的数据进行修改，然后点击"确定"即可，对于同一编号多个门窗的修改，提示语言如下：

是否其他 2 个相同编号的门窗也同时参与修改?[是(Y)/否(N)]<Y>:（直接回车默认即可）

（2）当不需要该门窗时，可直接点取该门窗，删除即可。门窗插入完成后的平面图如图 10.26 所示。

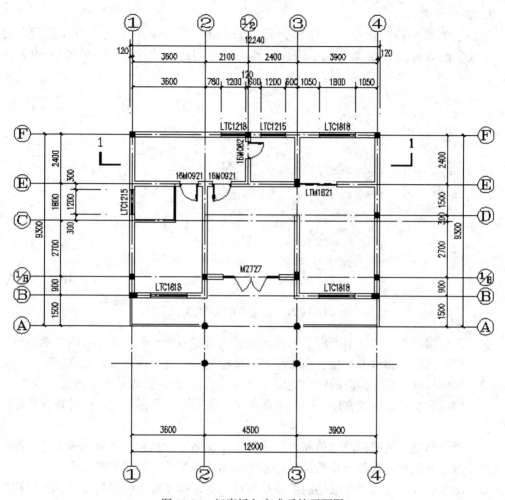

图 10.26 门窗插入完成后的平面图

10.4 创 建 楼 梯

10.4.1 创建直线楼梯

1. 功能

执行该命令，可通过在对话框中输入梯段参数绘制直线楼梯，用户可以单独创建直线梯段或将其用于组合复杂楼梯对象，还可以利用"添加扶手"命令为直线楼梯绘制楼梯扶手。

2. 命令调用

调用"创建直线楼梯"可通过以下几种方法：

（1）选择"楼梯其他"｜"直线梯段"命令。

（2）在命令行中输入"Zxtd"，并按 Enter 键执行命令。

3．操作示例

执行"直线梯段"命令，程序将会弹出如图 10.27（a）所示的"直线梯段"对话框，完成参数设置并在绘图区域单击插入点，即可创建直线梯段。结果如图 10.27（b）所示。

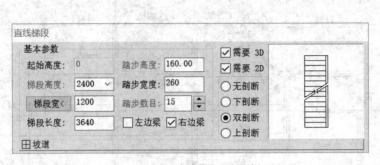

（a）"直线梯段"对话框　　　　　　　　　　　　（b）直线梯段创建结果

图 10.27　创建"直线梯段"

在"直线梯段"对话框中列出了创建直线梯段所需要的参数，各参数的功能如下：

（1）起始高度：相对于本楼层地面起算的楼梯起始高度，梯段高以此算起。

（2）梯段长度：直线梯段的踏步宽度×（踏步数目-1）=梯段的平面投影长度。

（3）梯段宽度：指梯段宽度，用户可在图中点取两点获得梯段宽，也可输入数据确定梯段宽。

（4）梯段高度：直线梯段的总高，始终等于踏步高度的总和，如果梯段高度被改变，程序自动按当前踏步高调整踏步数，最后根据新的踏步数重新计算踏步高度。

（5）踏步高度：输入一个概略的踏步高设计初值，程序可由楼梯高度推算出最接近初值的设计值。由于踏步数目是整数，梯段高度是一个给定的整数，因此踏步高度并非总是整数。用户给定一个概略的目标值后，系统可经过计算确定踏步高的精确值。

（6）踏步宽度：楼梯段的每一个踏步板的宽度。

（7）踏步数目：用户可直接输入踏步数目，也可由梯段高和踏步高概略值推算取整获得，同时修正踏步高，用户也可改变踏步数，与梯段高一起推算踏步高。

（8）需要 3D/2D：用来控制梯段的二维、三维视图，用户可单选一种视图或选择两种视图。

（9）剖断设置：包括无剖断、下剖断、双剖断和上剖断四种设置。

（10）作为坡道：勾选此复选框，可选择踏步生成防滑条间距，楼梯段生成坡道。

10.4.2　创建圆弧梯段

1．功能

执行"圆弧梯段"命令，可创建单段弧线型梯段，适合用于创建单独的圆弧楼梯，也可与直线梯段组合创建复杂楼梯和坡道，如大堂的螺旋楼梯与入口的坡道。

2．命令调用

调用"圆弧梯段"可通过以下几种方法：

（1）选择"楼梯其他"｜"圆弧梯段"命令。

（2）在命令行中输入"Yhtd"，并按 Enter 键执行命令。

3．操作示例

执行"圆弧梯段"命令，程序将会弹出如图 10.28（a）所示的"圆弧梯段"对话框，完成参数设置并在绘图区域单击插入点，即可创建圆弧梯段。结果如图 10.28（b）所示。

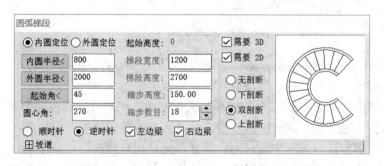

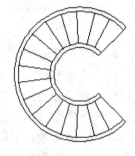

（a）"圆弧梯段"对话框　　　　　　　　　　（b）圆弧梯段创建结果

图 10.28　创建"圆弧梯段"

10.4.3　创建双跑楼梯

1．功能

双跑楼梯是最常见的楼梯形式，在天正建筑软件中，它是由两跑直线梯段、一个休息平台、一组或两组扶手栏杆构成的自定义对象，同时具有二维和三维视图。从 TArch8.0 开始，楼梯方向示意线也属于楼梯对象的组成部分，可以自动生成，另外还增加了扶手的伸出长度、扶手在平台是否连接、梯段之间位置可任意调整等新功能。用户还可以在对象的特性选项板中修改楼梯方向示意线的文字。

双跑楼梯对象内包括常见的构件组合形式变化，如是否设置两侧扶手、中间扶手在平台是否连接、设置扶手伸出长度、有无梯段边梁，休息平台平面形状是半圆形或矩形等，尽量满足了建筑的个性化要求。

2．命令调用

调用"双跑楼梯"可通过以下几种方法：

（1）单击天正快捷工具栏中"双跑楼梯"命令按钮。

（2）选择"楼梯其他"｜"双跑楼梯"命令。

（3）在命令行输入"Splt"，并按 Enter 键执行命令。

3．操作事例

执行"双跑楼梯"命令，程序将会弹出如图 10.29 所示的"双跑楼梯"对话框。

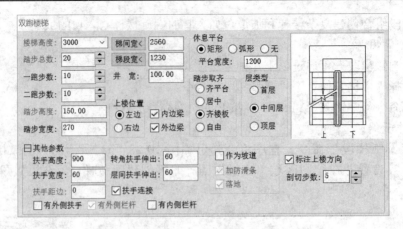

图 10.29 "双跑楼梯"对话框

在"双跑楼梯"对话框中详细列出了创建双跑楼梯所需要的参数，各参数的功能如下：

（1）楼梯高度：双跑楼梯的总高，默认自动取当前层高值。

（2）踏步总数：默认踏步总数为 20，是双跑楼梯的关键参数，用户可根据需要调整。

（3）一跑步数：以踏步总数推算一跑与二跑步数，总数为奇数时先增加二跑步数。

（4）二跑步数：二跑步数默认与一跑步数相同，两者都允许用户修改。

（5）踏步高度：楼梯踏步的高度。用户可先输入初始值，程序可由楼梯高度与踏步数推算出最接近初始值的设计值。

（6）踏步宽度：踏步沿梯段方向的宽度，是用户优先决定的楼梯参数。

（7）梯间宽度：双跑楼梯的总宽度，单击按钮可从平面图中直接量取楼梯间净宽作为双跑楼梯的总宽度。

（8）梯段宽度：默认宽度或由梯间总宽度计算，扣除梯井宽余下部分二等分作梯段宽，单击按钮也可从平面图中直接量取。

（9）井宽：楼梯井宽度参数，井宽=梯间宽－（2×梯段宽），最小井宽为 0，井宽、梯间宽和梯段宽三个数值互相关联。

（10）休息平台：有"矩形""弧形""无"三种选项，若为非矩形休息平台，则可以选无平台，以便用户利用平板功能设计休息平台。

（11）平台宽度：按建筑设计规范，休息平台的宽度应大于梯段宽度。

（12）踏步取齐：除了二跑步数不等时可直接在"齐平台""居中""齐楼板"中选择两梯段相对位置外，也可以通过拖动夹点任意调整两梯段之间的位置，此时踏步取齐为"自由"。

（13）层类型：在平面图中双跑楼梯按楼层不同，分为首层、中间层、顶层三种类型绘制。

（14）转角扶手伸出：设置在休息平台扶手转角处的伸出长度，默认为 60，若设为 0 或负值时扶手不伸出。

（15）层间扶手伸出：设置在楼层间扶手起末端和转角处的伸出长度，默认为 60，若设为 0 或负值时扶手不伸出。

（16）作为坡道：勾选此复选框，楼梯段按坡道生成，对话框中会显示出"单坡长度"的编辑框，用户可在此输入坡道长度。

（17）标注上楼方向：默认勾选此项，在楼梯对象中，按当前坐标系方向创建标注上楼下楼方向的箭头和文字。

（18）剖切步数：创建楼梯时按步数设置剖切线中心所在梯段上的位置，作为坡道时按相对标高设置剖切线中心所在位置。

结果如图 10.30 所示。

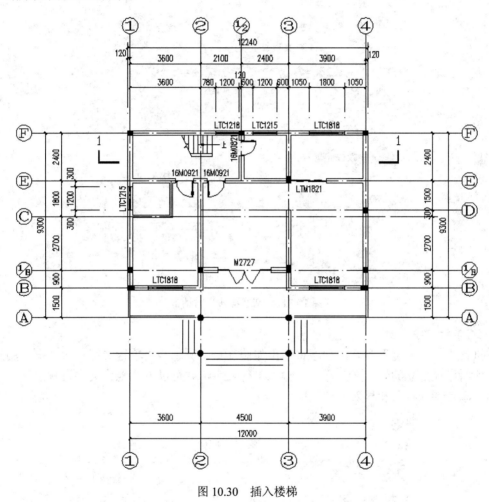

图 10.30　插入楼梯

10.5　创建图形标注

10.5.1　文字表格

文字表格的绘制在建筑制图中占有重要的地位，在天正建筑软件中，用户可以设置文字样式，并利用"单行文字"和"多行文字"命令进行文字标注，也可以选择系统自带的词库进行文字标注。天正建筑软件还提供了强大的表格功能，用户可以方便地创建和编辑表格对象，还实现了与 Excel 的数据双向交换，提高了表格绘制的效率。

1．文字样式

执行"文字样式"命令，程序将弹出如图 10.31 所示的"文字样式"对话框，用户可在此分别对 AutoCAD 字体或者 Windows 字体设置参数，由于天正建筑软件扩展了 AutoCAD 的文字样式，用户可以分别控制中英文字体的宽度和高度。

图 10.31　"文字样式"对话框

2．单行文字

执行"单行文字"命令，程序将弹出如图 10.32 所示的"单行文字"对话框，用户可在此使用已经建立的天正文字样式，输入单行文字，并可以方便地为文字设置上下标、加圆圈、添加特殊符号和导入专业词库。

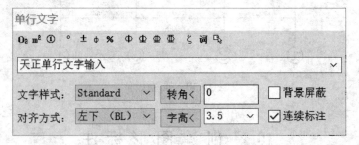

图 10.32　"单行文字"对话框

3．多行文字

执行"多行文字"命令，程序将弹出如图 10.33 所示的"多行文字"对话框，用户可以在此按段落输入多行中文文字，还可以方便地设定页宽与硬回车位置，并且可以根据需要随时拖动夹点改变多行文字的页宽。

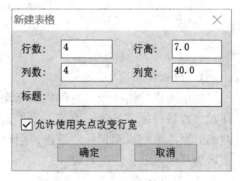

图 10.33 "多行文字"对话框

4. 新建表格

执行"新建表格"命令,程序将弹出如图 10.34 所示的"新建表格"对话框,用户可在此确定表格的行列参数并通过对话框新建一个表格,还可以确定表格的标题内容。

5. 表格数据双向交换

天正建筑软件提供了与 Word 软件之间导出表格文件的接口,用户可以把表格对象的内容输出到 Word 文件中。还实现了与 Excel 软件之间交换表格文件的接口,用户可以把表格对象的内容输出到 Excel 中,还可以根据 Excel 中的数据更新原有的天正表格。

图 10.34 "新建表格"对话框

10.5.2 尺寸标注

尺寸标注是设计图纸中的重要组成部分,图纸中的尺寸标注在建筑制图标准中有严格的规定,天正建筑软件提供了自定义的尺寸标注系统,取代了 AutoCAD 的尺寸标注功能。

1. 门窗标注

该命令适合标注建筑平面图的门窗尺寸,它有两种使用方式:在平面图中参照轴网标注的第一、第二道尺寸线,自动标注墙体上的门窗尺寸,生成第三道尺寸线;在没有轴网标注的第一、第二道尺寸线时,在用户选定的位置标注出门窗尺寸线。使用"门窗标注"命令创建的尺寸对象与门窗宽度具有联动特性。利用该命令为平面图标注门窗尺寸,结果如图 10.35 所示。

2. 墙厚标注

使用"墙厚标注"命令,可以在图中一次标注两点连线经过的一至多段天正墙体对象的墙厚尺寸，标注中可识别墙体的方向，标注出与墙体正交的墙厚尺寸，在墙体内有轴线存在时标注以轴线划分的左右墙宽，墙体内没有轴线存在时标注墙体的总宽。执行该命令，根据提示在要标注的墙体左侧和右侧分别单击一点，即可对经过的两道墙体标注墙厚。

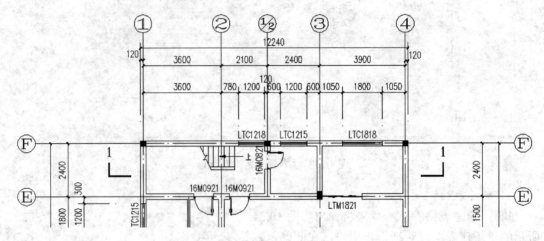

图 10.35　门窗尺寸标注

3. 两点标注

使用两点标注命令，可以为两点连线附近有关系的轴线、墙线、门窗、柱子等构件标注尺寸，并可标注各墙中点或者添加其他标注点。执行该命令，根据提示在要标注的对象两侧分别点取一点确定标注范围，用户还可以根据需要从已选对象中剔除不需标注的对象或增加其他需要标注的对象。

4. 逐点标注

逐点标注命令是一个通用的灵活标注工具，可以对选取一组指定点沿指定方向和选定的位置标注尺寸。该命令特别适用于没有指定天正对象特征，需要取点定位标注的情况，以及其他标注命令难以完成的尺寸标注。

10.5.3　符号标注

按照建筑制图的国际工程符号规定画法，天正建筑软件提供了一整套的自定义工程符号对象，这些符号对象可以方便地绘制剖切符号、指北针、引注箭头，绘制各种详图符号、引出标注符号等。工程符号对象提供了专业夹点定义，并且保存有对象特性数据，用户可以方便地对其进行编辑。

1. 坐标标注

坐标标注在工程制图中用来表示某个点的平面位置。使用该命令可以在图中标注指定点的测量坐标或者施工坐标，坐标取值根据世界坐标或者当前用户坐标确定。用户可根据实际情况设置坐标标注的参数。

2. 标高标注

该命令可为建筑图进行标高符号的标注。执行该命令，程序将弹出如图 10.36 所示的

"标高标注"对话框，对话框分为两个选项卡，分别用于"建筑"图中的标高标注和"总图"中的标高标注。另外，标高文字对象增加了夹点编辑功能，用户可以根据需要拖动夹点移动标高文字。

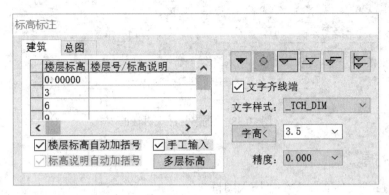

（a）标高标注（建筑）

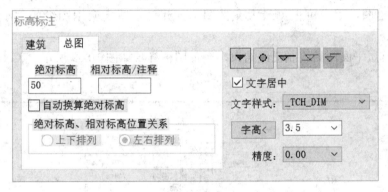

（b）标高标注（总图）

图 10.36 "标高标注"对话框

在"标高标注"对话框中单击"建筑"标签切换到建筑标高页面，页面左方显示一个输入标高和说明的电子表格，在楼层标高栏中可填入一个起始标高，右栏可以填入相对标高值，用于标注建筑和结构的相对标高，标高符号在移动和复制后可根据当前位置自动更新坐标值，如果在右栏填入文字说明，该标高成为注释性标高符号，不能动态更新。单击"总图"标签切换到总图标高页面，用户可选择"实心三角""实心圆点"和"标准标高符号"用于总图标高的标注。总图标高的标注精度自动切换为 0.00，并保留两位小数。完成参数设置后，在绘图区域指定位置即可完成标高符号的创建，如图 10.37 所示。

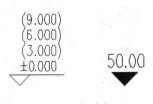

图 10.37 标高标注

10.5.4 图名名称

菜单位置："符号标注" | "图名标注"。

每个施工图绘制完成，都必须要注明图名名称，点取菜单位置，即弹出如图 10.38 所示的对话框，用户可以参照对话框所填内容填写，然后用光标确定名称插入位置即可。

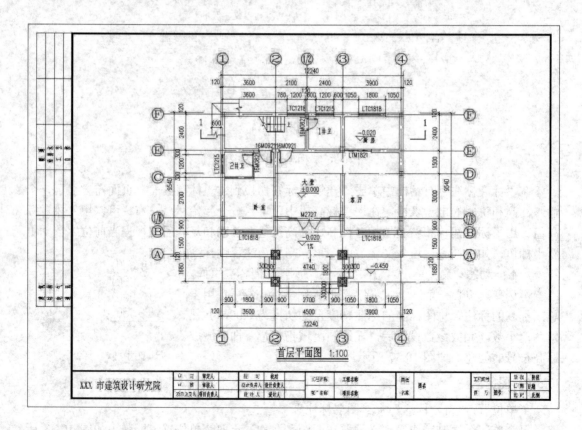

图 10.38　"图名标注"对话框

10.5.5　图框布局

菜单位置："文件布图"｜"插入图框"。

当所有施工图绘制结束，在打印出图以前，必须要给施工图套用图框，并填写相应内容才可出图。用户可根据最大文件图形的尺寸，决定套用图纸的大小，然后再选择图框大小。

至此，首层平面图的绘制已经结束，图形图框样式如图 10.39 所示。

图 10.39　首层平面图绘制结果

实 训 操 作

实训操作1：根据本章所学内容，绘制平面图10.40～图10.44。

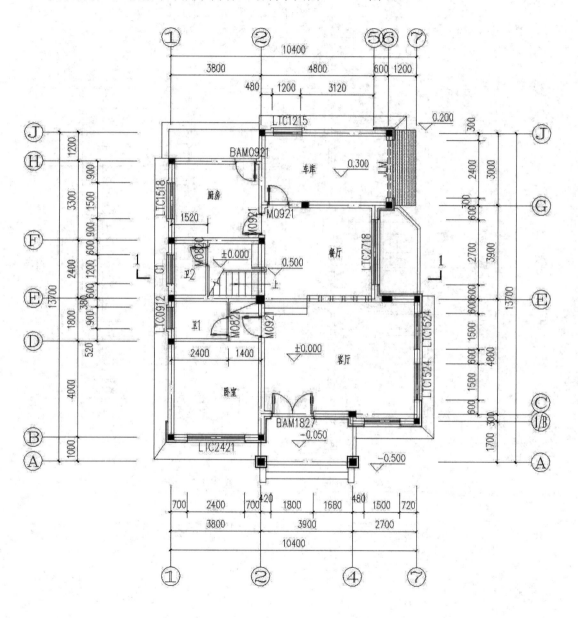

图10.40　实训操作1（首层平面图）

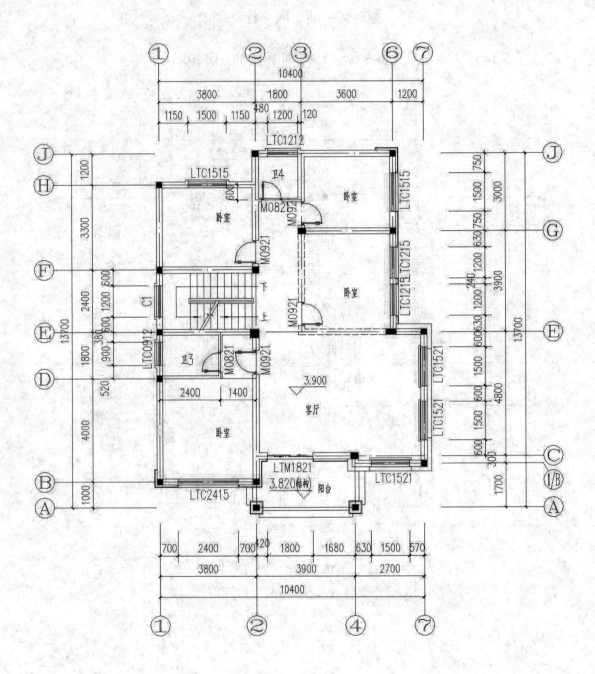

图 10.41　实训操作 1（二层平面图）

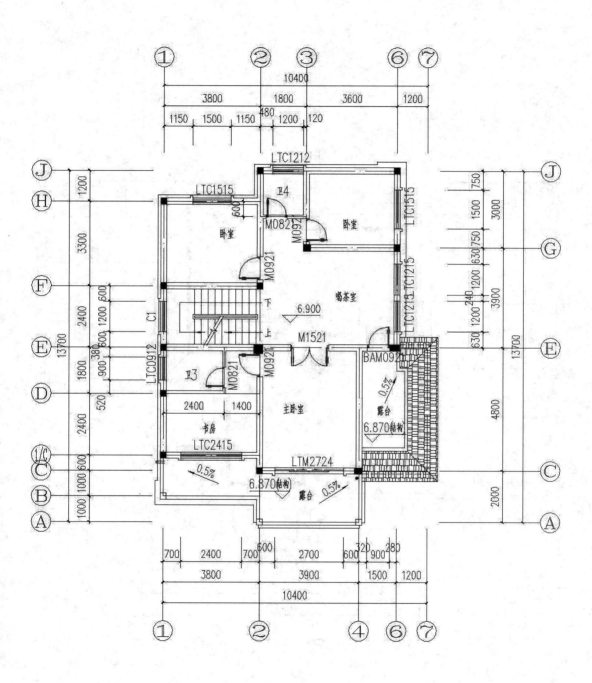

图 10.42　实训操作 1（三层平面图）

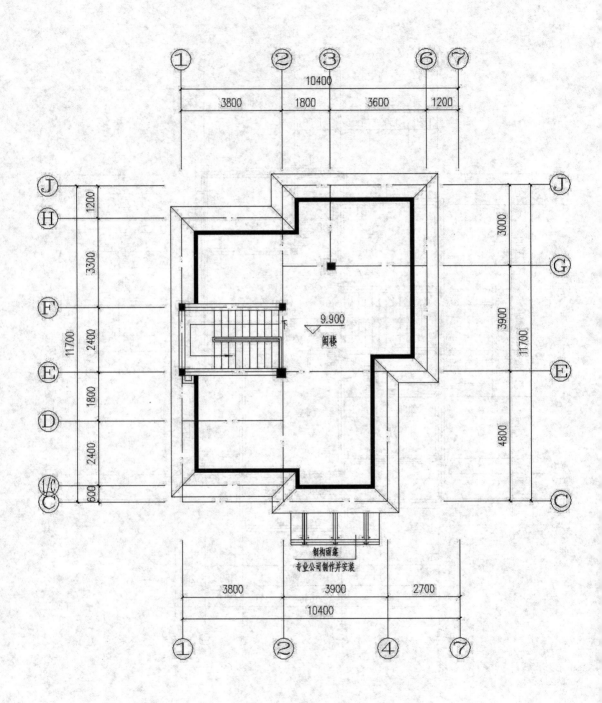

图 10.43　实训操作 1（阁楼层平面图）

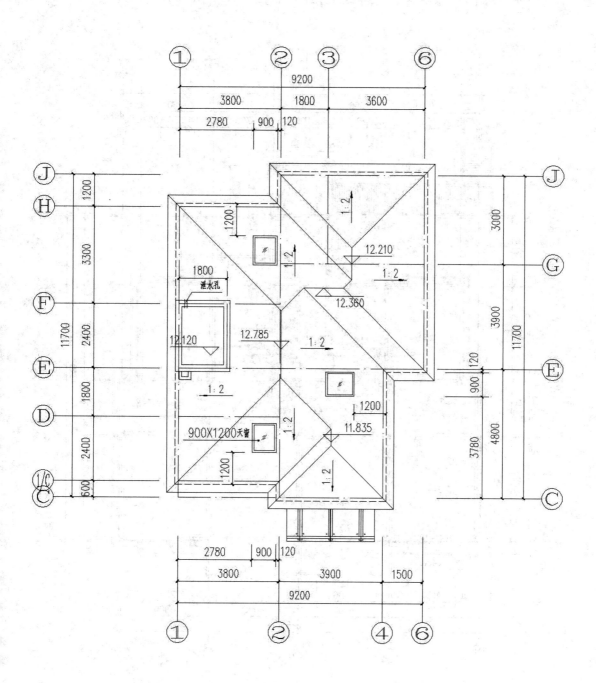

图 10.44   实训操作 1（屋面层平面图）

实训操作2：根据本章所学内容，绘制平面图10.45～图10.50。

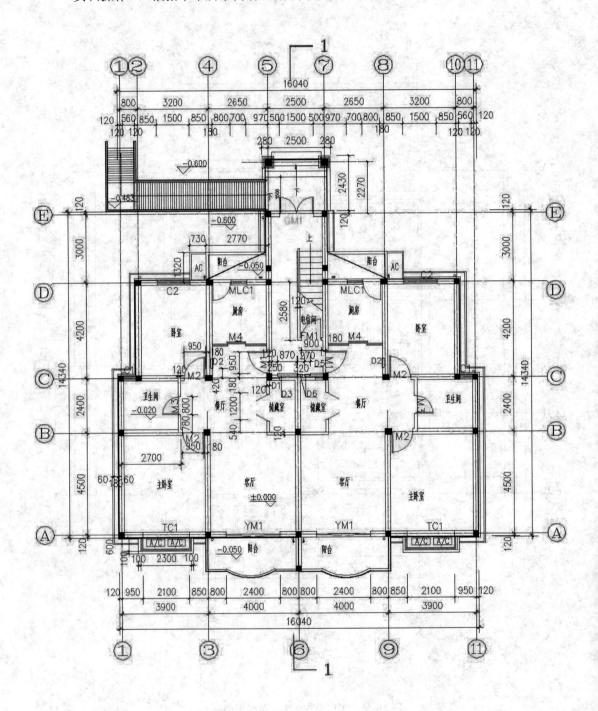

图10.45　实训操作2（首层平面图）

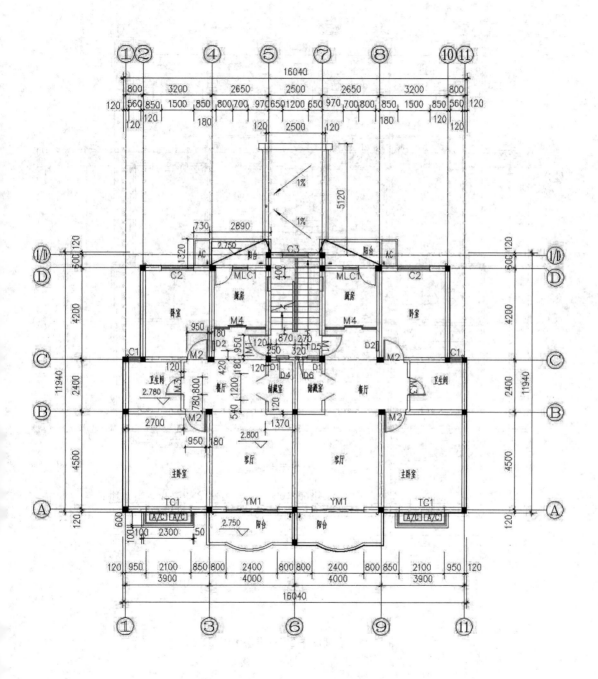

图 10.46　实训操作 2（二层平面图）

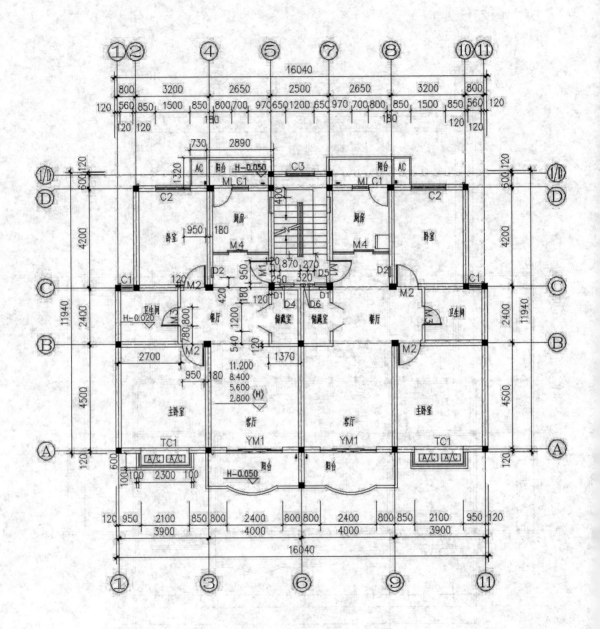

图 10.47　实训操作 2（标准层平面图）

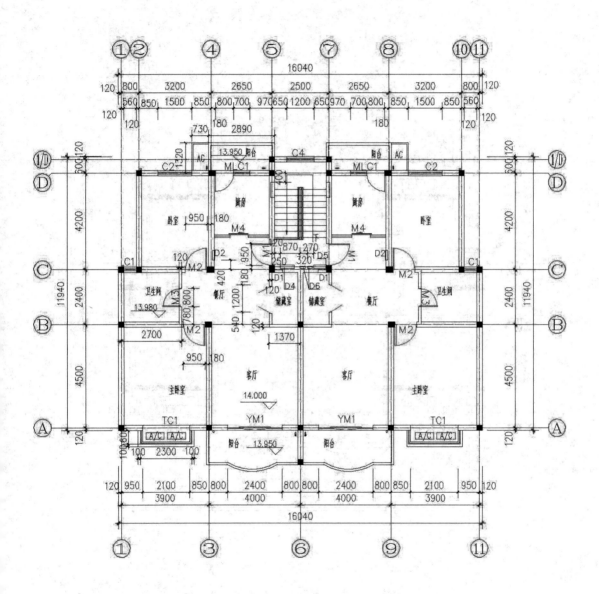

图 10.48　实训操作 2（四层平面图）

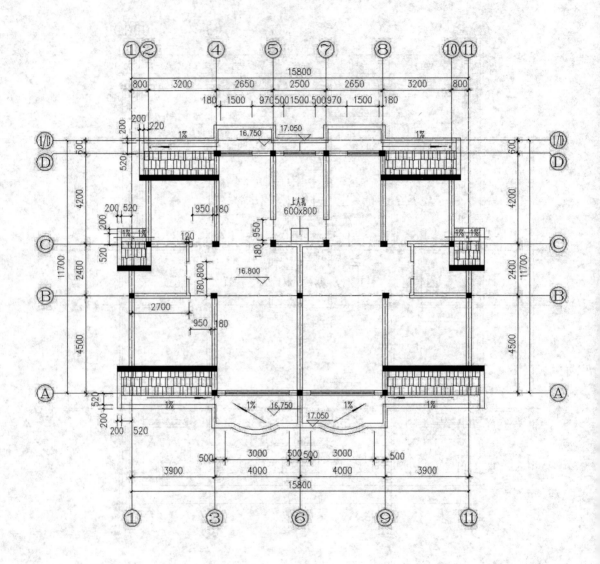

图 10.49 实训操作 2（阁楼层平面图）

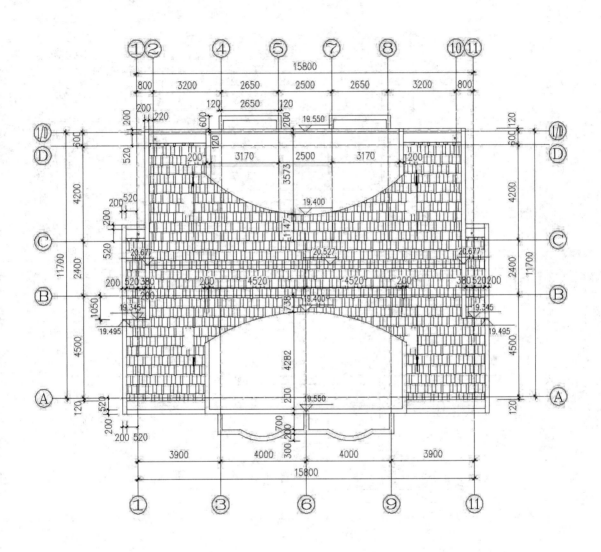

图 10.50 实训操作 2（屋面层平面图）

实训操作 3：根据本章所学内容，绘制平面图 10.51～图 10.56。

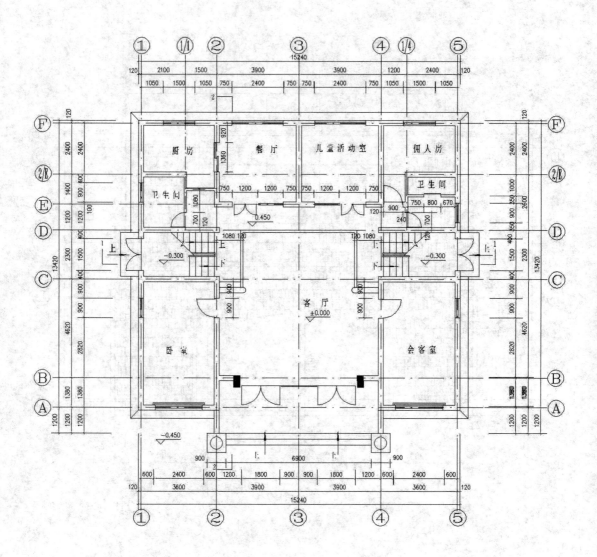

图 10.51　实训操作 3（首层平面图）

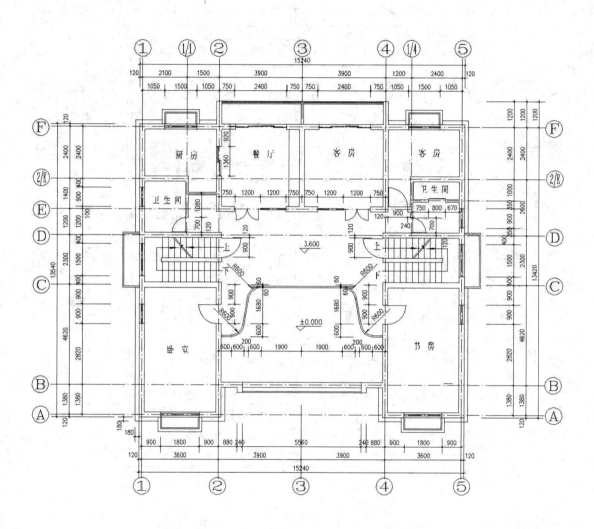

图 10.52　实训操作 3（二层平面图）

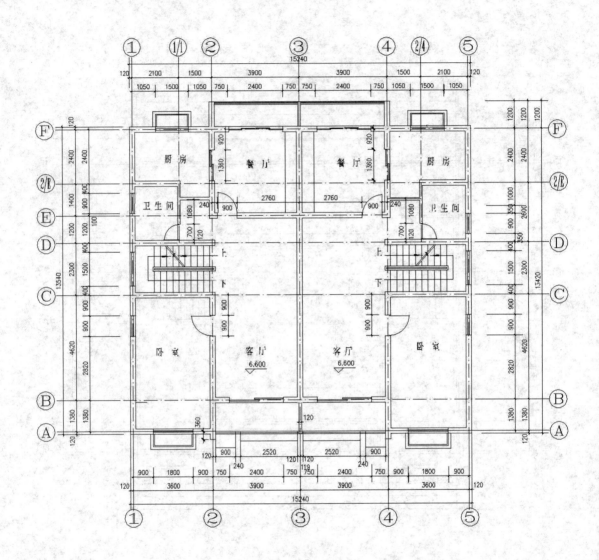

图 10.53　实训操作 3（三层平面图）

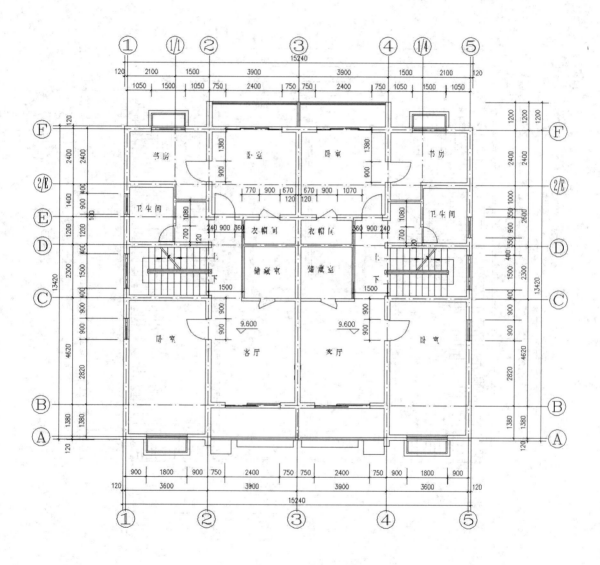

图 10.54　实训操作 3（四层平面图）

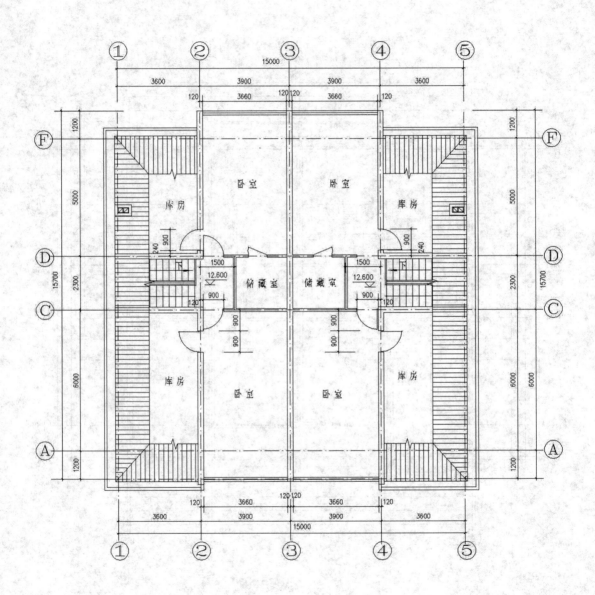

图 10.55 实训操作 3（夹层平面图）

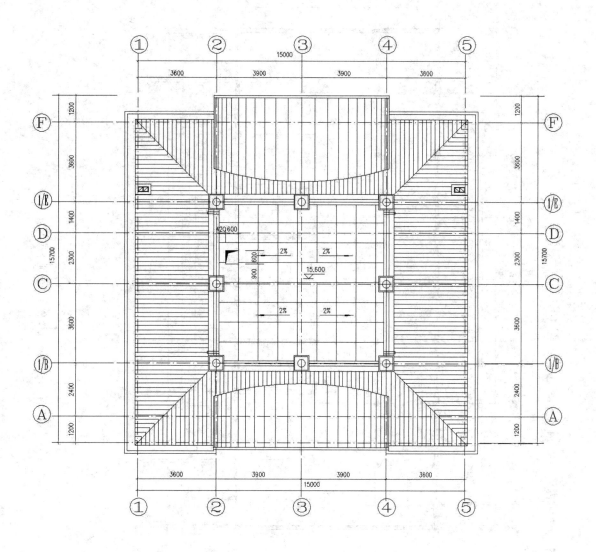

图 10.56　实训操作 3（屋面层平面图）

实训操作 4：根据本章所学内容，绘制平面图 10.57～图 10.61。

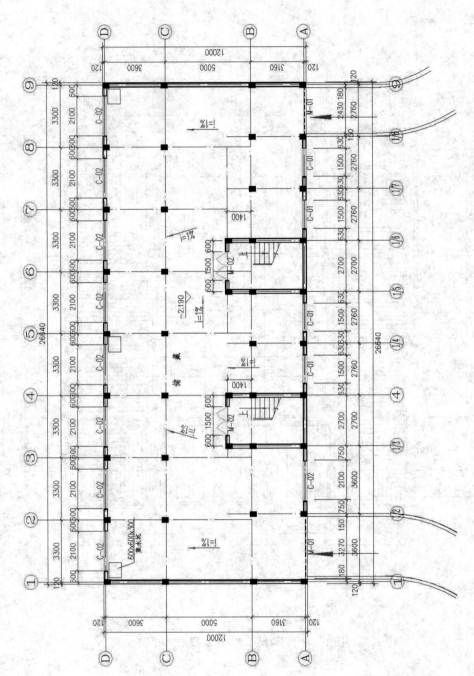

图 10.57　实训操作 4（半地下室平面图）

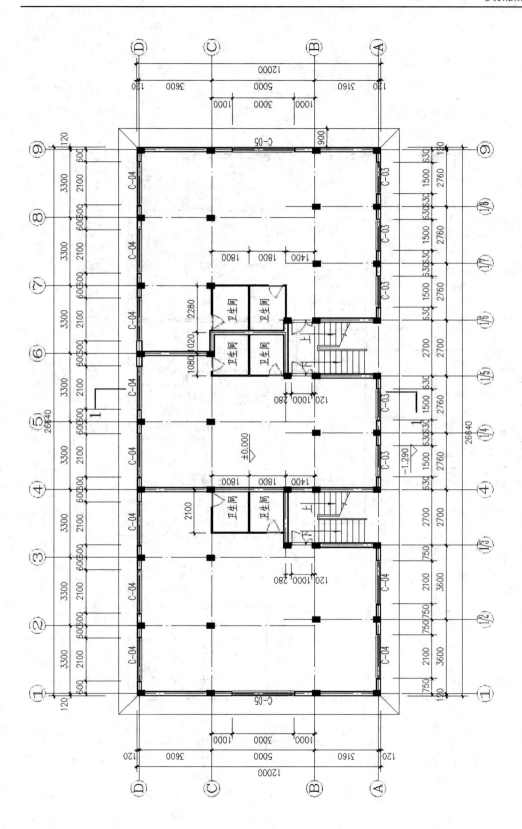

图 10.58 实训操作 4（首层平面图）

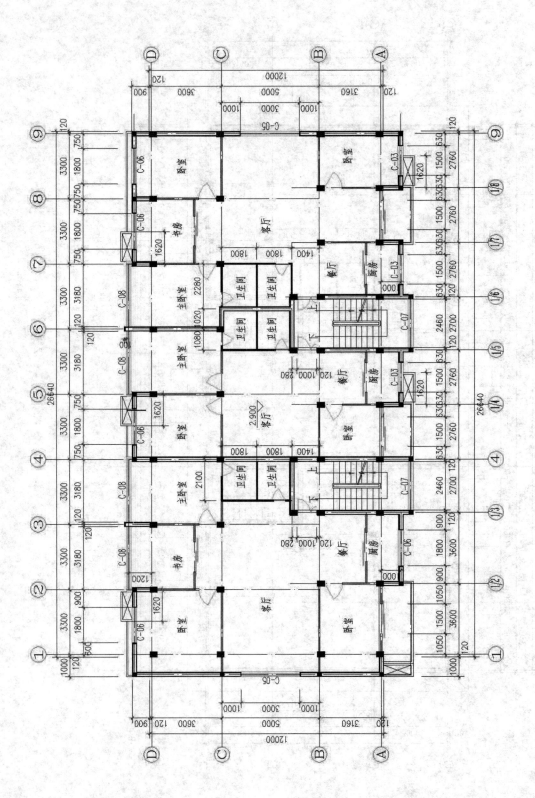

图 10.59　实训操作 4（二层平面图）

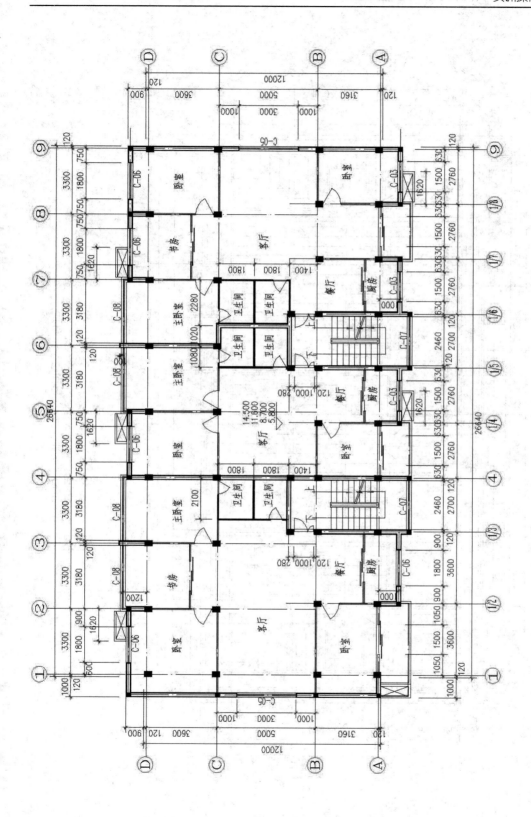

图 10.60 实训操作 4（三至六层平面图）

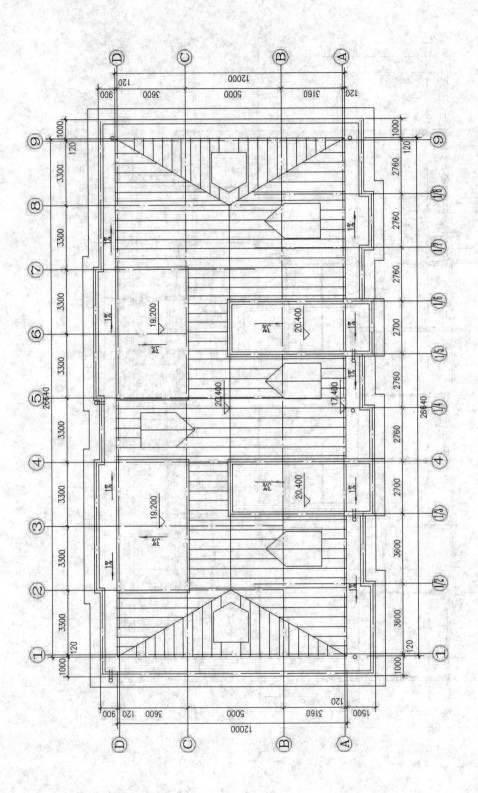

图 10.61　实训操作 4（屋面层平面图）

第 11 章

天正建筑软件立面图的绘制

建筑立面图的绘制是在绘制好各层平面图后进行的，天正建筑软件立面图是通过平面图构建中的三维信息进行消隐后获得的二维图形，先完成基本立面的生成，然后再按照立面设计的要求进行修改。

绘制立面图的前提：将已经绘制的底层平面图另存盘，接着绘制标准层建筑平面图，也更名存盘，再绘制顶层建筑平面图。一般多层建筑物都应分别有底层平面图、标准层平面图、顶层平面图，标准层有多少层并不重要，只要能作出有三层建筑物的立面图，就可以作出多层建筑物的立面图了，如图 11.1 所示。

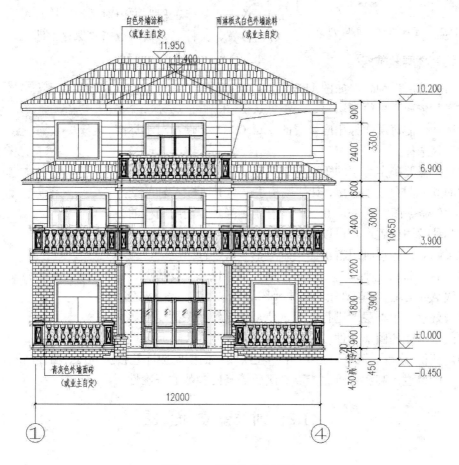

图 11.1 建筑物的立面图

11.1　立面生成与工程管理

11.1.1　调出首层平面图

首先打开首层平面图，因为首层平面图标注较为完整，在创建立面时会提示是否要显示轴线问题。

11.1.2　调出"工程管理"选项板

1. 功能

利用"工程管理"选项板中的楼层数据库，生成建筑立面图。

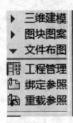

图 11.2　"工程管理"菜单列表

2. 命令调用

（1）菜单位置："文件布图" |"工程管理"。

（2）利用命令 GCGL 调出。

（3）执行命令后，弹出"工程管理"命令如图 11.2 所示。

单击"新建工程"弹出对话框。用户需选择好保存的位置、文件名，最后点击"保存"即可。

11.1.3　填写楼层表数据

点击"楼层"列表，如图 11.3 所示。

按层数依次从上往下填写，层高默认 3 米，可以修改，"文件"的选择，需每层选择相应楼层的 AutaCAD 文件，对于标准层可以反复选择。

注意：需要确定每层的平面图需要有一个共同的对齐点，不然生成的立面图会发生分离，具体做法建议将 1 轴与 A 轴的交点用"移动"命令调整到（0，0，0）坐标点，当然，利用同样的方法调整其他共同位置也是可以的。

如果画其他各层时用首层图"save as"后进行修改的，就不用设置，否则将自己手动键入"insbase"或"base"设基点，也可以点取 AutoCAD 菜单"绘图" |"图块" |"基点"来设置。

图 11.3　"楼层"列表

提醒：最好直接用首层图进行修改，使 x 和 y 坐标保持一致，然后对修改后形成的图形文件以另名存盘方式保存，以便于在"楼层表"中组合为多层建筑。

为能获得尽量准确的立面图，用户在绘制平面图时应注意楼层高度、墙体高度、窗高、窗台高、阳台栏板高和台阶踏步高、级数等竖向参数的正确性。

11.2　创建立面图

1. 功能

生成建筑物立面图。

2. 命令调用

（1）菜单命令："立面" | "建筑立面"。

（2）点取图标菜单：▦。

3. 操作示例

执行命令，命令栏提示如下：

`请输入立面方向或[正立面(F)/背立面(B)/左立面(L)/ 右立面(R)]<退出>:`键入 F

选择"正立面"，弹出如下对话框：

`请选择要出现在立面上的轴线:`（用光标选择相关联的轴线）

选择①轴和④轴，回车。此时，弹出如图 11.4 所示的"立面生成"对话框。

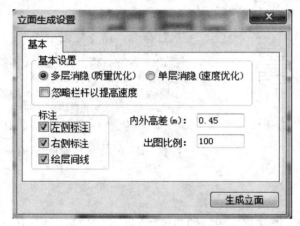

图 11.4 "立面生成"对话框

设置完毕后，点击"生成立面"即可。生成效果如图 11.5 所示。

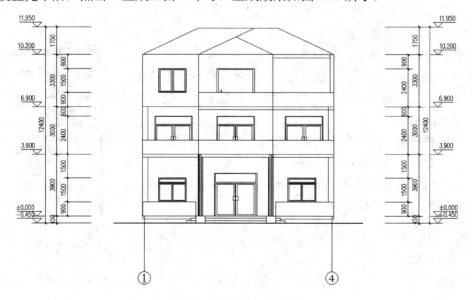

图 11.5 初始生成效果图

值得注意的是，对于生成结果来说，离设计要求还有很大出入，需要逐项进行修改。

11.2.1　构件立面

1. 功能

本命令用于生成当前标准层、局部构件或三维图块对象在选定方向上的立面图与顶视图。

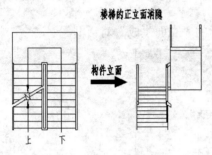

楼梯的正立面消隐

构件立面→

上　下

图 11.6　楼梯立面构件案例

2. 命令调用

（1）菜单命令："立面" | "构件立面"。

（2）点取图标菜单：▤。

3. 操作示例

执行命令，命令栏提示如下：

请输入立面方向或[正立面(F)/背立面(B)/左立面(L)/ 右立面(R)/顶视图(T)]<退出>：（键入 F 生成正立面）
请选择要生成立面的建筑构件：（点取楼梯平面对象）
请选择要生成立面的建筑构件：（回车结束选择）
请点取放置位置：（拖动生成后的立面图，在合适的位置插入）

楼梯构件立面案例如图 11.6 所示。

11.2.2　立面门窗

1. 功能

本命令用于替换、添加立面图上的门窗，同时也是立剖面图的门窗图块管理工具，可处理带装饰门窗套的立面门窗，并提供了与之配套的立面门窗图库。

2. 命令调用

（1）菜单命令："立面" | "立面门窗"。

（2）点取图标菜单：▤。

执行命令，菜单显示如图 11.7 所示。

打开二级菜单，根据立面造型需要，选择并改变门窗的造型。可点选右上角的"替换"命令，逐个选择需要替换的门窗即可。

门立面替换后，门的高度和底标高都改变了，需要用"门窗参数"命令进行调整。

点选"门窗参数"命令，操作如下：

选择立面门窗：（用光标点取首层立面门，回车。）
低标高输入<0>：
高度输入<2700>：
宽度输入<3000>：

如门窗与阳台有遮挡，需要进行裁剪，点选命令："立面" | "图形裁剪"，裁剪结果如图 11.8 所示。

图 11.7　"立面门窗"菜单

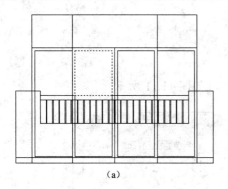
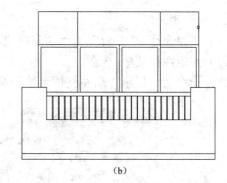

图 11.8　裁剪示例

注意：其他楼层的门参数修改方法与首层相同，但每次操作不可同时选择不同的楼层门，因为其中涉及底标高的问题，会造成不同楼层最后重叠在一起。

11.2.3　立面阳台

1. 功能

本命令用于替换、添加立面图上阳台的样式，需要说明的是，天正建筑软件中立面阳台体现不出异型阳台的特征。

2. 命令调用

（1）菜单命令："立面" | "立面阳台"。

（2）点取图标菜单：▦。

详情参照插入立面门窗操作。

对于此案例阳台式样，首先用 AutoCAD 命令完成门与阳台的绘制，然后点击打开天正图库管理系统里的"图块"，在下拉菜单里点取"新图入库"按提示操作即可，如图 11.9 所示，结果如图 11.10 所示。

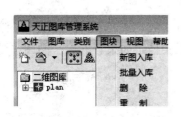

图 11.9　"新图入库"菜单

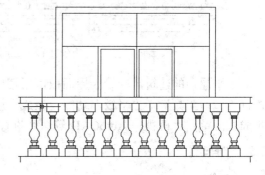

图 11.10　门与阳台图案

11.2.4　立面屋顶

1. 功能

本命令可完成对平屋顶、单坡屋顶、双坡屋顶、四坡屋顶与歇山屋顶的正立面和侧立面、组合的屋顶立面、一侧与其他物体（墙体或另一屋顶）相连接的不对称屋顶的设计。

2．命令调用

（1）菜单命令："立面"｜"立面屋顶"。

（2）点取图标菜单：▨。

执行命令后，显示"立面屋顶参数"对话框，如图 11.11 所示。

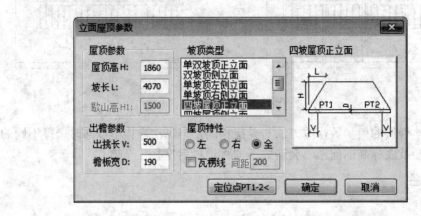

图 11.11 "立面屋顶参数"对话框

需要说明的是，"定位点 PT1-2<"是个长按钮，是立面屋顶的插入定位点，对应于立面图中墙线顶点输入相应的参数，即可生成如图 11.12 所示的屋顶。

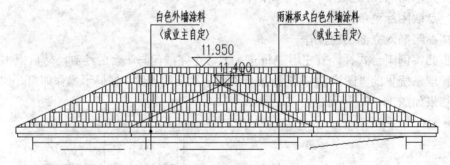

图 11.12 立面屋顶示例

对于平屋顶的建筑，应绘制屋面板，用搜屋顶线方式或 PLINE 线沿外墙画一封闭线，再执行"造型工具"｜"平板"功能，生成平屋顶平板实体。如果有各层平面图，可以自动生成立面草图，再执行 AutoCAD 等命令进行完善。

11.2.5 立面轮廓

1．功能

立面轮廓是指整个建筑立面的外轮廓，用粗实线表示；对于有较大转折或突出部位的轮廓，也可以用粗实线表示。

2．命令调用

（1）菜单命令："立面"｜"立面轮廓"。

（2）点取图标菜单：▤。

3. 操作示例

执行命令后，命令行提示：

选择二维对象:(选择外墙边界和屋顶线)
请输入轮廓线宽度<0>:(输入 30～50 之间的数值)

需要注意的是，在复杂的情况下搜索轮廓线会失败，无法生成轮廓线，此时可使用多段线绘制立面轮廓线。生成结果如图 11.13 所示。

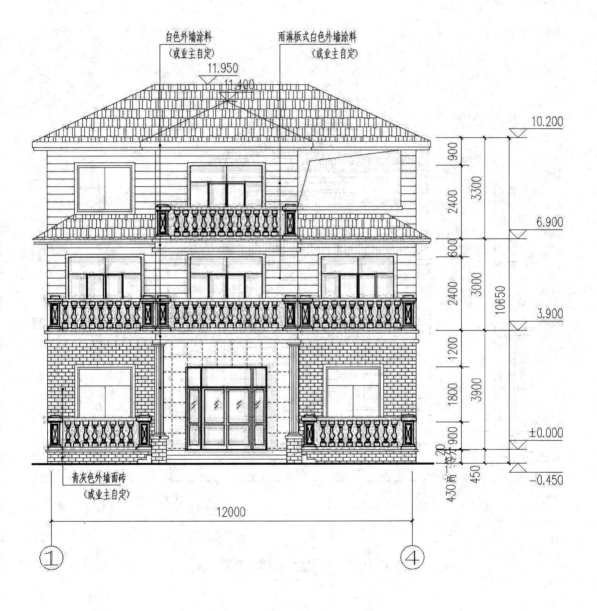

图 11.13　立面轮廓示例（①～④立面图）

至此,立面图基本完成,读者自行完成相关图案填充、尺寸、文字、标高、图名以及图框的插入与填写等工作,对于与最终结果不相同的地方,用 AutoCAD 命令进行修改。

实 训 操 作

实训操作 1:根据本章所学内容,结合第 10 章实训操作 1 所画的平面图,绘制如图 11.14 所示的立面图。

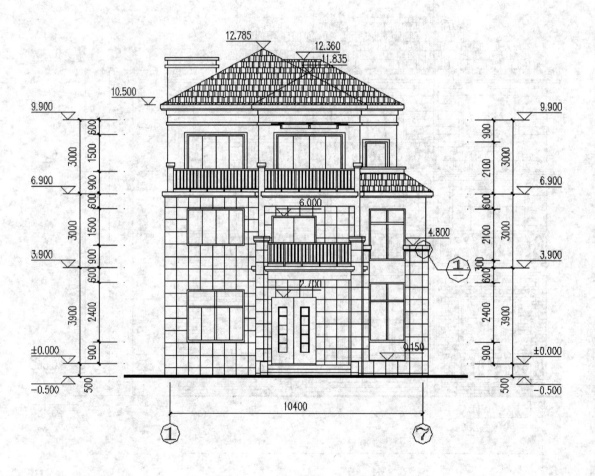

图 11.14 实训操作 1(南立面图)

实训操作 2：根据本章所学内容，结合第 10 章实训操作 2 所画的平面图，绘制如图 11.15 所示的立面图。

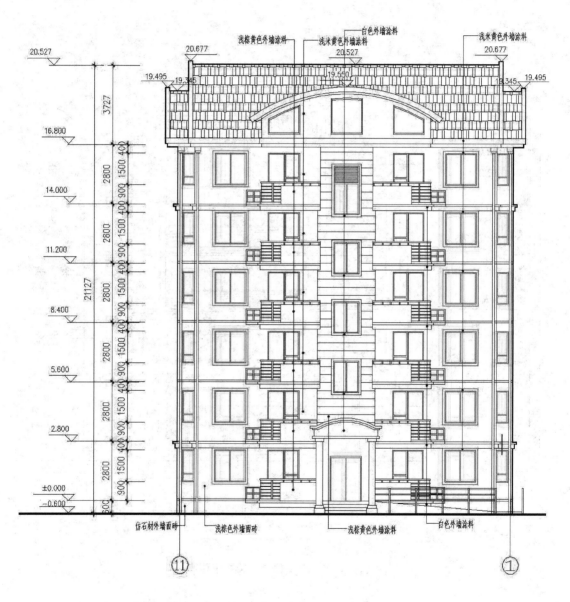

图 11.15　实训操作 2（⑪～①轴立面图）

实训操作 3：根据本章所学内容，结合第 10 章实训操作 3 所画的平面图，绘制如图 11.16 所示的立面图。

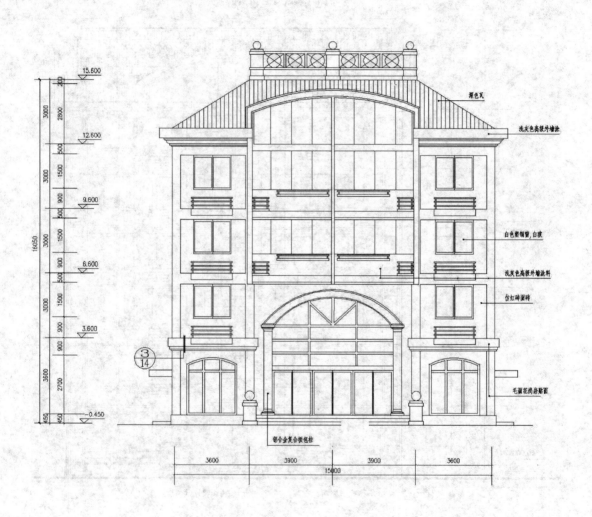

图 11.16　实训操作 3（南立面图）

实训操作 4：根据本章所学内容，结合第 10 章实训操作 4 所画的平面图，绘制如图 11.17 所示的立面图。

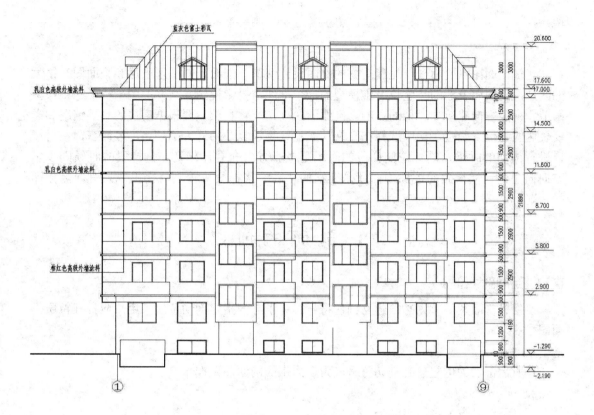

图 11.17　实训操作 4（①～⑨立面图）

第 12 章

天正建筑软件剖面图的绘制

建筑剖面图主要用来表达建筑物的剖面设计细节。剖面图的图形表达和平面图有很大的区别，剖面图表达的是建筑三维模型的一个剖切与投影视图，与立面图一样受三维模型细节和视线方向建筑物遮挡的影响。剖面图的剖切位置和数量要根据房屋的具体情况和需要表达的部位来确定，一般选择在楼梯间或建筑物较复杂的地方剖切。一般而言，在对楼梯进行剖切的时候，剖切左侧梯段的时候则投影方向向右，剖切右侧梯段的时候则投影方向向左，这样得到的楼梯剖面就是连续的"之"字梯段，否则就会出现只有一侧楼梯的情况。

12.1 剖 面 的 创 建

12.1.1 绘制剖切符号

要生成剖面图，首先必须建立剖切符号。为了方便指定剖切位置，用户应打开首层平面图。

1. 功能

在所需剖切的位置建立剖切符号，为后面生成剖面图做准备。

2. 命令调用

有以下两种方法调用该命令：

（1）选择"符号标注"｜"剖切符号"调用命令。

（2）在命令行中输入"TSection"或"pqfh"，并按 Enter 键调用命令。

3. 操作示例

启动"剖切符号"命令后，会弹出如图 12.1 所示对话框，根据提示操作过程如下：

点取第一个剖切点<退出>：（点取第一个剖切点的位置或输入第一个剖切点的坐标）
点取第二个剖切点<退出>：（点取第二个剖切点的位置或输入第二个剖切点的坐标）
点取剖视方向<当前>：（在第一个剖切点的位置左右或者上下拖动光标，可以调整剖视方向）

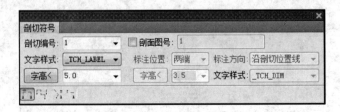

图 12.1 "剖切符号"对话框

结果如图 12.2 所示。

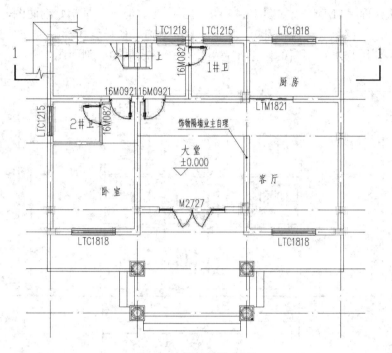

图 12.2 绘制剖切符号

12.1.2 建筑剖面

在之前绘制立面图的时候已经建立了楼层表，这里只需要检查一下是否正确即可。有了正确的楼层表，便可生成建筑剖面。

1. 功能

利用"工程管理"选项板中的楼层数据库，生成建筑剖面图。

2. 命令调用

有以下两种方法调用该命令：

（1）选择"剖面"｜"建筑剖面"调用命令。

（2）在命令行中输入"TBudSect"或"jzpm"，并按 Enter 键调用命令。

3. 操作示例

启动"建筑剖面"命令，若在"工程管理"选项板中已经存在正确的楼层数据，则程序会出现"请选择一剖面线"（点击首层需生成剖面图的剖切线）和"请选择要出现在剖面图上的轴线"（点取首轴线和末轴线）的提示，用户根据需要选择以后，会弹出"剖面生成设置"对话框，如图 12.3 所示。

在图 12.3 所示对话框中，程序当前默认的内外高

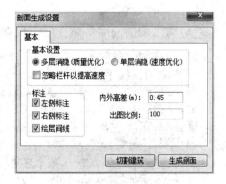

图 12.3 "剖面生成设置"对话框

差是 0.45m，出图比例是 100，用户可根据工程的实际情况来调整这两个参数。点击"生成剖面"按钮，程序自动生成如图 12.4 所示的剖面图。但该图是初始剖面图，图中有不少的错误（如一层楼梯位置出现错乱），内容也不尽详细（如一层楼梯缺少一个梯段），不能直接使用，需要用户进行不断的修正和完善，才能形成最终的剖面图。

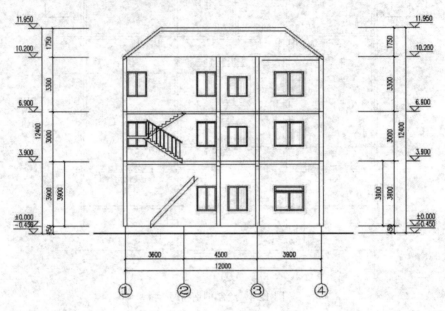

图 12.4　初始剖面图

12.1.3　剖面墙

1. 功能

在生成的剖面图中添加墙体。

2. 命令调用

有以下两种方法调用该命令：

（1）选择"剖面"｜"画剖面墙"调用命令。

（2）在命令行中输入"sdwall"或"hpmq"，并按 Enter 键调用命令。

3. 操作示例

启动"画剖面墙"命令后，根据提示操作过程如下：

请点取墙的起点(圆弧墙宜逆时针绘制)[取参照点(F)单段(D)]<退出>:（点取剖面墙的起点或输入起点坐标）

墙厚当前值:左墙 120, 右墙 240（程序当前默认的墙体厚度）

请点取直墙的下一点[弧墙(A)/墙厚(W)/取参照点(F)/回退(U)] <结束>: W（设置墙体厚度）

请输入左墙厚 <120>:120（键入新值或回车接受默认值）

请输入右墙厚 <240>:120（键入新值或回车接受默认值）

墙厚当前值:左墙 120, 右墙 120

请点取直墙的下一点[弧墙(A)/墙厚(W)/取参照点(F)/回退(U)] <结束>:（点取剖面墙的下一点或输入下一点坐标）

墙厚当前值:左墙 120, 右墙 120（用户调整后的墙体厚度值）

请点取直墙的下一点[弧墙(A)/墙厚(W)/取参照点(F)/回退(U)] <结束>:（回车结束"画剖面墙"）

12.1.4 剖面楼板

在绘制平面图时没有生成楼板模型，那么在生成的剖面图中没有楼板，用户可自行添加。由于目前预制楼板用得比较少，因此在这里只介绍实心楼板的绘制。

1. 功能

使用双线楼板命令，可以在"S_FLOOR"图层中绘制剖面双线楼板。

2. 命令调用

有以下两种方法调用该命令：

（1）选择"剖面"｜"双线楼板"调用命令。

（2）在命令行中输入"sdfloor"或"sxlb"，并按 Enter 键调用命令。

3. 操作示例

启动"双线楼板"命令后，根据提示操作过程如下：

请输入楼板的起始点 <退出>:（点取楼板的起始点或输入起始点坐标）
结束点 <退出>:（点取楼板的结束点或输入结束点坐标）
楼板顶面标高 <3900>:（程序自动读取所在点标高）
楼板的厚度(向上加厚输负值) <200>:100（程序当前默认楼板厚度为200mm，输正值为向下加厚，输负值为向上加厚。回车结束"双线楼板"）

结果如图 12.5 所示。

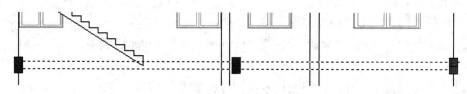

图 12.5 双线楼板绘制

12.1.5 加剖断梁

在绘制平面图中一般不生成梁的模型，因此，在剖面图中没有梁的剖面。用户可通过"加剖断梁"的命令绘制梁剖面。

1. 功能

在剖面楼板处添加梁剖面，并自动剪裁双线楼板底线。

2. 命令调用

有以下两种方法调用该命令：

（1）选择"剖面"｜"加剖断梁"调用命令。

（2）在命令行中输入"sbeam"或"jpdl"，并按 Enter 键调用命令。

3. 操作示例

启动"加剖断梁"命令后，根据提示操作过程如下：

请输入剖面梁的参照点 <退出>:（点取剖面梁的参照点或输入参照点的坐标）
梁左侧到参照点的距离 <100>:120（键入新值或回车接受默认值）
梁右侧到参照点的距离 <100>:120（键入新值或回车接受默认值）
梁底边到参照点的距离 <300>:（键入新值或回车接受默认值。若梁底边超过了双线楼板的底边，会自动裁剪双线楼板底线。回车结束"加剖断梁")

结果如图 12.6 所示。

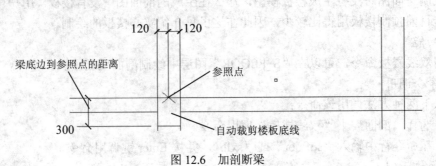

图 12.6 加剖断梁

12.1.6 剖面门窗

1. 功能

用户可以通过"剖面门窗"命令连续插入剖面门窗，替换已插入的剖面门窗，修改剖面门窗的高度和窗台高度。

2. 命令调用

有以下两种方法调用该命令：

（1）选择"剖面"｜"剖面门窗"调用命令。

（2）在命令行中输入"TSectWin"或"pmmc"，并按 Enter 键调用命令。

3. 操作示例

启动"剖面门窗"命令后，根据提示操作过程如下：

请点取剖面墙线下端或 [选择剖面门窗样式(S)/替换剖面门窗(R)/改窗台高 (E)/改窗高(H)] <退出>:S（选择剖面门窗样式。用户若想进行其他操作，可根据提示输入相应字母）

请点取剖面墙线下端或 [选择剖面门窗样式(S)/替换剖面门窗(R)/改窗台高(E)/改窗高(H)] <退出>:（必须是剖面墙线，否则程序无法识别）

门窗下口到墙下端距离<900>:（键入新值或回车接受默认值）

门窗的高度<1500>:（键入新值或回车接受默认值）

1500（回车结束"剖面门窗"）

结果如图 12.7 所示。

12.1.7 剖面檐口

1. 功能

在剖面图中绘制剖面檐口。

2. 命令调用

有以下两种方法调用该命令：

（1）选择"剖面"｜"剖面檐口"调用命令。

（2）在命令行中输入"sroof"或"pmyk"，并按 Enter 键调用命令。

3. 操作示例

启动"剖面檐口"命令后，程序会弹出如图 12.8 所示对话框。

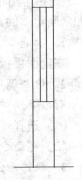

图 12.7 剖面门窗

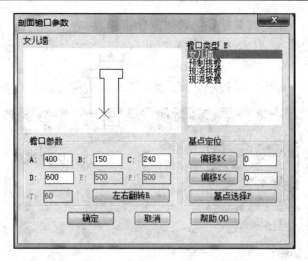

图 12.8 "剖面檐口参数"对话框

用户可在"剖面檐口参数"对话框中根据需要设置参数，有时直接插入的檐口并不完全准确，还需要通过 CAD 中的移动、延伸和修剪等命令进行修改。

12.1.8 门窗过梁

在绘制平面图时不会设置门窗过梁模型，因此需要用户在剖面图中添加门窗过梁。

1. 功能

在剖面图门窗上方添加过梁剖面。

2. 命令调用

有以下两种方法调用该命令：

（1）选择"剖面"｜"门窗过梁"调用命令。

（2）在命令行中输入"MCGL"，并按 Enter 键调用命令。

3. 操作示例

启动"门窗过梁"命令后，根据提示操作过程如下：

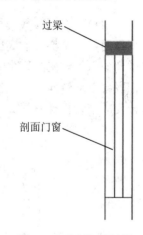

选择需加过梁的剖面门窗:找到 1 个（选择需要加过梁的门窗）
选择需加过梁的剖面门窗:（回车）
输入梁高<240>:（输入过梁的高度，回车结束"门窗过梁"）

结果如图 12.9 所示。

图 12.9 绘制门窗过梁

12.2 剖面楼梯的绘制

12.2.1 参数楼梯

1. 功能

使用该命令，可创建三种梁式楼梯和一种板式楼梯。

2. 命令调用

有以下两种方法调用该命令：

（1）选择"剖面"｜"参数楼梯"调用命令。

（2）在命令行中输入"TSectStair"或"cslt"，并按 Enter 键调用命令。

3．操作示例

启动"参数楼梯"命令后，程序会弹出如图 12.10 所示对话框。

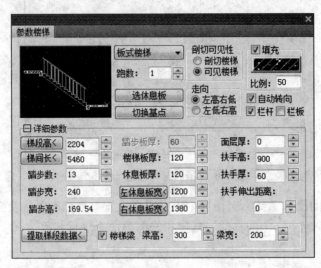

图 12.10　"参数楼梯"对话框

用户可在"参数楼梯"对话框中根据工程实际情况设置楼梯参数（注：参数中的梯段高指的是一个梯段的高度，不是每一层楼梯的总高度），完成参数设置后，在绘图区域指定楼梯插入点。在"参数楼梯"对话框中勾选"自动转向"功能以后，在插入第 2 个梯段时，梯段会自动转向，可见性也会相应发生改变，若第 1 个梯段为可见楼梯，则第 2 个梯段会转变成剖切楼梯。第 2 个梯段的插入点位置如图 12.11 所示。

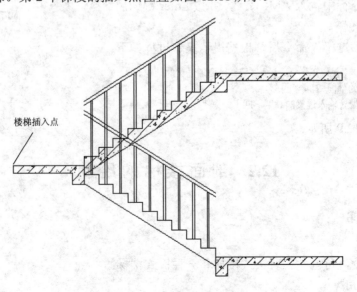

图 12.11　梯段插入点示意图

利用"参数楼梯"命令一次可以绘制多跑楼梯（图 12.12），条件是各跑的步数相同，并且各跑之间对齐，用户只需在对话框中将跑数设置成所需要的值，便可以一次绘制多跑楼梯。若要绘制不等跑楼梯，则将跑数设置为 1，根据每一个梯段的实际情况进行参数设置，逐跑绘制。

12.2.2 参数栏杆

1. 功能

使用"参数栏杆"命令，可以按照参数交互方式生成楼梯栏杆。

2. 命令调用

有以下两种方法调用该命令：

（1）选择"剖面"｜"参数栏杆"调用命令。

（2）在命令行中输入"rltplib"或"cslg"，并按 Enter 键调用命令。

3. 操作示例

启动"参数栏杆"命令后，程序会弹出如图 12.13 所示对话框。

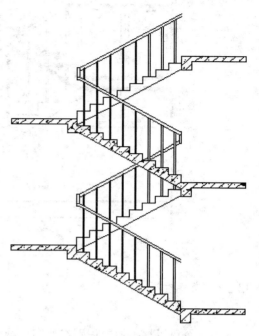

图 12.12 一次绘制多跑楼梯

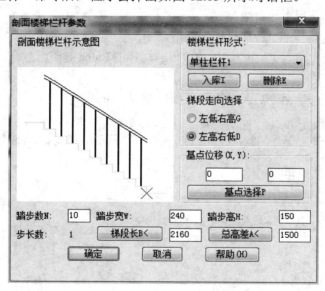

图 12.13 "剖面楼梯栏杆参数"对话框

用户可在该对话框中设置栏杆的形式、楼梯走向、基点和相应的楼梯参数。参数设置完成后，便可在绘图区域指定栏杆插入点（注：参数栏杆插入点的位置是梯段底部，即第 1 个踏步的起点位置），即可创建参数栏杆，如图 12.14 所示。

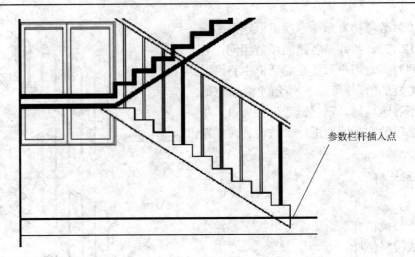

图 12.14 创建"参数栏杆"

12.2.3 楼梯栏杆

1. 功能

该命令可以根据图层识别在双跑楼梯中剖切到的梯段与可见的梯段，创建与指定梯段相对应的单柱栏杆，并可以自动处理两个相邻梯段栏杆的遮挡关系。用户可以分别指定各梯段的起始点和结束点，依次创建相应的楼梯栏杆。

2. 命令调用

有以下两种方法调用该命令：

（1）选择"剖面"｜"楼梯栏杆"调用命令。

（2）在命令行中输入"handrail"或"ltlg"，并按 Enter 键调用命令。

3. 操作示例

启动"楼梯栏杆"命令后，根据提示操作过程如下：

请输入楼梯扶手的高度<1000>：（键入新值或回车接受默认值）

是否打断遮挡线<Y/N>?<Yes>（键入 N 或者回车使用默认值，回车后由系统处理可见梯段被剖面梯段的遮挡，自动截去部分栏杆扶手；命令行接着显示:）

输入楼梯扶手的起始点<退出>：

结束点<退出>：

......

（重复要求输入各梯段扶手的起始点与结束点，分段画出楼梯栏杆扶手，回车退出）

结果如图 12.15 所示。

12.2.4 楼梯栏板

1. 功能

该命令可以创建实心栏板，并可按图层自动处理栏板遮挡踏步的效果，对可见梯段以虚线表示踏步，对剖面梯段以实线表示踏步。

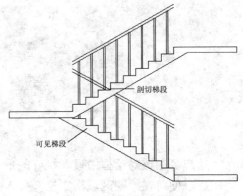

图 12.15 楼梯栏杆绘制

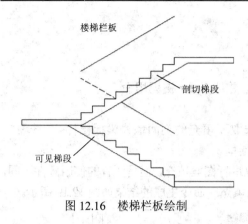

图 12.16 楼梯栏板绘制

2. 命令调用

有以下两种方法调用该命令：

（1）选择"剖面"｜"楼梯栏板"调用命令。

（2）在命令行中输入"handrail"或"ltlb"，并按 Enter 键调用命令。

3. 操作示例

"楼梯栏板"与"楼梯栏杆"的操作相同，这里不再作详细叙述。生成结果如图 12.16 所示。

说明："参数栏杆"和"楼梯栏杆"均可在剖面图中生成栏杆，"参数栏杆"可以生成用户自制的栏杆，"楼梯栏杆"只能生成简单的栏杆。"楼梯栏板"则是用于生成实心栏板。在绘制剖面图时，最好不要把楼梯段、栏杆（栏板）等分开绘制，这样既麻烦也耗费时间，用户可以利用"参数楼梯"命令将楼梯段、栏杆（栏板）等一起绘制。

l2.2.5 扶手接头

1. 功能

对楼梯扶手或楼梯栏板的接头部位作倒角与水平连接处理。

2. 命令调用

有以下两种方法调用该命令：

（1）选择"剖面"｜"扶手接头"调用命令。

（2）在命令行中输入"TConnectHandRail"或"fsjt"，并按 Enter 键调用命令。

3. 操作示例

启动"扶手接头"命令后，根据提示操作过程如下：

请输入扶手伸出距离<0.00>:100

请选择是否增加栏杆[增加栏杆(Y)/不增加栏杆(N)] <增加栏杆(Y)>:（默认在接头处增加栏杆，若不需要增加栏杆，则键入 N）

请指定两点来确定需要连接的一对扶手! 选择第一个角点<取消>:（选择第一个角点）

另一个角点<取消>:（选择第二个角点）

结果如图 12.17 所示。

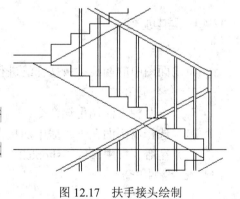

图 12.17 扶手接头绘制

12.3 剖 面 填 充

1. 功能

对剖面墙线与楼梯按指定的材料图例进行图案填充。

2. 命令调用

有以下两种方法调用该命令：

（1）选择"剖面"｜"剖面填充"调用命令。

（2）在命令行中输入"FillSect"或"pmtc"，并按 Enter 键调用命令。

3. 操作示例

启动"剖面填充"命令后，程序会提示"请选取要填充的剖面墙线梁板楼梯<全选>："，选择需要填充的对象后，弹出如图 12.18 所示对话框。

说明：该命令和 AutoCAD 图案填充命令都可以进行图案填充，但是两者的使用条件不同，前者不需要填充区域封闭，后者需要。使用"剖面填充"命令生成的结果如图 12.19 所示。

图 12.18 "剖面填充"对话框

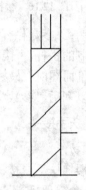

图 12.19 剖面填充

12.4 剖 面 加 粗

12.4.1 居中加粗

1. 功能

将剖面图中的墙线梁板楼梯线进行加粗。

2. 命令调用

有以下两种方法调用该命令：

（1）选择"剖面"｜"居中加粗"调用命令。

（2）在命令行中输入"sltoplc2"或"jzjc"，并按 Enter 键调用命令。

3. 操作示例

启动"居中加粗"命令后，程序会提示"请选取要变粗的剖面墙线梁板楼梯线（向两侧加粗）<全选>："，选择需要加粗的对象，结果如图 12.20 所示。

12.4.2 向内加粗

1. 功能

将剖面图中的墙线梁板楼梯线进行加粗。

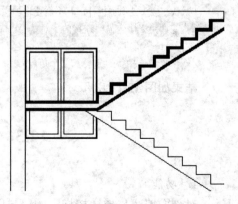

图 12.20 使用"居中加粗"命令加粗线条

2. 命令调用

有以下两种方法调用该命令：

（1）选择"剖面"｜"向内加粗"调用命令。

（2）在命令行中输入"sltopli2"或"xnjc"，并按 Enter 键调用命令。

3. 操作示例

启动"向内加粗"命令后，程序会提示"请选取要变粗的剖面墙线梁板楼梯线（向内侧加粗）<全选>:"，选择需要加粗的对象即可。

说明："居中加粗"和"向内加粗"都可以实现线条加粗，但是两者加粗的方式有区别："居中加粗"是在原线两侧加粗，"向内加粗"是在原线内侧加粗，"向内加粗"可以实现窗墙平齐。"居中加粗"和"向内加粗"的对比如图 12.21 所示。

12.4.3 取消加粗

1. 功能

将已加粗的线条恢复原状。

2. 命令调用

有以下两种方法调用该命令：

（1）选择"剖面"｜"取消加粗"调用命令。

（2）在命令行中输入"pltosl"或"qxjc"，并按 Enter 键调用命令。

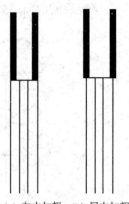

(a) 向内加粗 (b) 居中加粗

图 12.21 "向内加粗"
和"居中加粗"对比

3. 操作示例

启动"取消加粗"命令后，程序会提示"请选取要恢复细线的剖切线<全选>:"，选择需要取消加粗的对象即可。

12.5 其 他 处 理

1. 轴线编号

初始剖面图中轴线端若出现只有圆圈没有编号的现象，用户可左键双击圆圈，在里面输入轴线编号。

2. 尺寸、标高的添加和删除

添加尺寸如剖面竖向尺寸、横向尺寸等可通过"尺寸标注"中的"逐点标注"完成，添加标高如楼地面标高、屋顶标高等可通过"符号标注"中的"标高标注"完成。

3. 索引标注

在剖面图中，如楼梯栏杆、女儿墙等做法需要索引的，用户可通过"符号标注"中的"索引符号"进行添加。

4. 文字添加

用户可通过"文字表格"中的"单行文字"或者"多行文字"添加文字。

5. 结构填充

对于采用比例为 1∶100 或以下的图，打印出来的结构断面几乎看不出填充的材料图例，可采用灰度填充的方式表示。本节中的梁、板断面均采用灰度填充。

6. 插入图名

对剖面图进行修改后，还需要添加图名。用户可通过"符号标注"中的"图名标注"插入图名。

修改后的剖面图如图 12.22 所示。

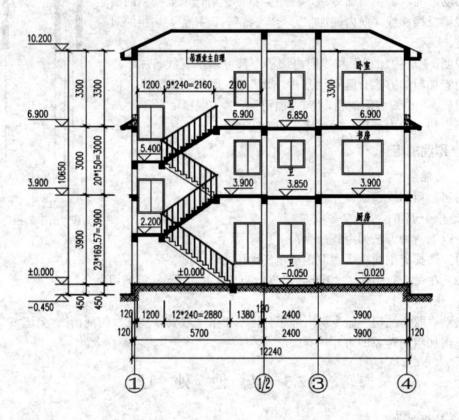

图 12.22　修改后的剖面图（1-1 剖面图）

实 训 操 作

实训操作 1：根据本章所学内容，结合第 10 章和第 11 章中实训操作 1 所画的平面图和立面图，绘制如图 12.23 所示的剖面图。

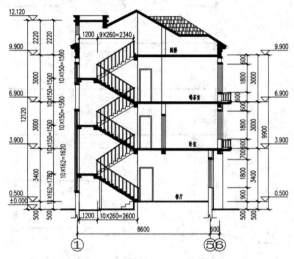

图 12.23　实训操作 1（1-1 剖面图）

实训操作 2：根据本章所学内容，结合第 10 章和第 11 章中实训操作 2 所画的平面图和立面图，绘制如图 12.24 所示的剖面图。

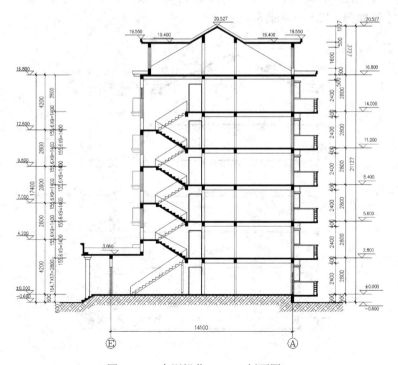

图 12.24　实训操作 2（1-1 剖面图）

实训操作 3：根据本章所学内容，结合第 10 章和第 11 章中实训操作 3 所画的平面图和立面图，绘制如图 12.25 所示的剖面图。

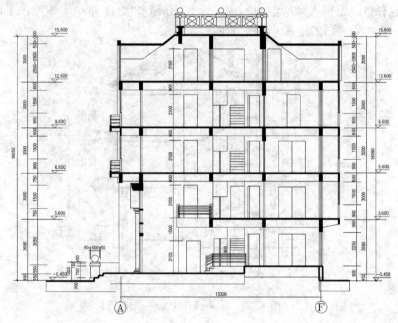

图 12.25 实训操作 3（2-2 剖面图）

实训操作 4：根据本章所学内容，结合第 10 章和第 11 章中实训操作 4 所画的平面图和立面图，绘制如图 12.26 所示的剖面图。

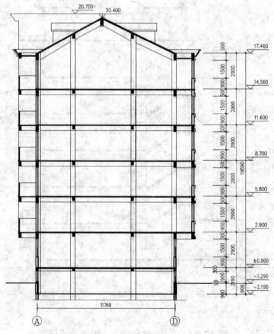

图 12.26 实训操作 4（1-1 剖面图）

第 13 章

绘制建筑详图

建筑详图是建筑细部施工图，在平、立、剖面图中不能表达清楚的详细构造，将其形状、大小、材料、做法单独绘制图样表达清楚，这种图样即为建筑详图。建筑详图有比例大、图示清楚、尺寸完整、说明详尽的特点，它是施工图的重要组成部分，是平、立、剖面图的重要补充，也是施工的依据。建筑详图包括建筑构件、配件详图和剖面节点详图。

13.1 绘制详图的若干规定

建筑详图是为了表达建筑节点及构配件的形状、材料、尺寸、做法等，用较大的比例画出的图形，常被称为大样图。

（1）详图通常采用的比例：1∶1，1∶2，1∶5，1∶10，1∶15，1∶20，1∶25，1∶30，1∶50 等。

（2）详图标志及详图索引标志。

详图索引标志是由细实线圆和细实线的水平直径组成。上半圆中的阿拉伯数字表示该详图的编号。下半圆的短划表示被索引的详图同在一张图纸内。而阿拉伯数字表示详图所在的图纸编号，如图 13.1 所示。

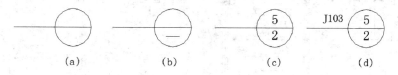

图 13.1　详图索引标志

索引符号用于索引剖视详图，剖切位置绘制剖切位置线，用引出线引出索引符号，引出线一侧为投射方向，如图 13.2 所示。

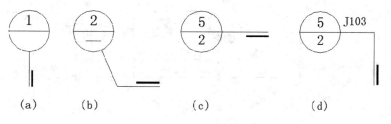

图 13.2　索引符号

13.2 建筑外墙身详图

外墙身详图即房屋建筑的外墙身剖面详图，主要用以表达：外墙的墙脚、窗台、过梁、墙顶以及外墙与室内外地坪、外墙与楼面、屋面的连接关系；门窗洞口、底层窗下墙、窗间墙、檐口、女儿墙等的高度；室内外地坪、防潮层、门窗洞口的上下口、檐口、墙顶及各层楼面、屋面的标高；屋面、楼面、地面的多层次构造；立面装修和墙身防水、防潮要求，及墙体各部位的线脚、窗台、窗楣、檐口、勒脚、散水的尺寸、材料和做法等内容。

13.2.1 绘制中间层外墙身详图

绘制如图 13.3 所示的墙身剖面详图的剖切索引位置符号。

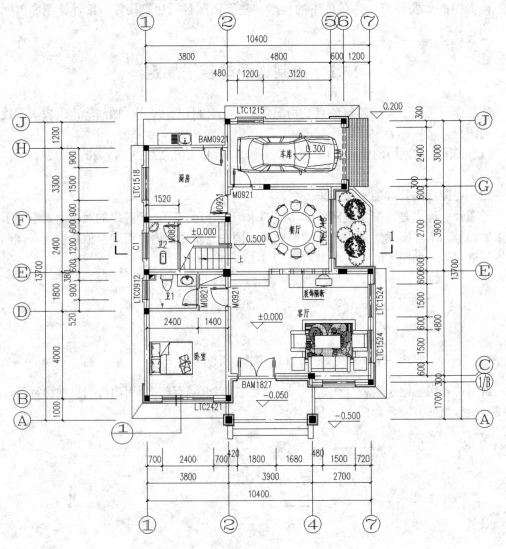

图 13.3 墙身剖面详图的剖切索引位置

详图绘制步骤如下：

（1）绘制定位线。用直线工具（或者调用"直线"命令），绘制一条竖直线作为定位线，并在线的端点用天正软件工具"符号标注"｜"索引图名"绘制轴线编号1，如图13.2所示。

（2）绘制墙线。在绘制墙体线前，首先要确定好详图的绘制比例，要明确打印比例，本案例的打印比例为1∶20，而天正默认的打印比例是1∶100，因此本案例可以按1∶1的比例绘制，在完成之后按1∶20的比例绘制打印图框。

选择"修改"｜"偏移"工具，指定偏移距离为100，以轴线为参照，向轴线两侧偏移出墙线，如图13.4所示。

（3）绘制剖面窗台、窗过梁结构。在墙线对应位置用直线工具画一条直线，用偏移工具绘制窗台与过梁结构，用直线工具画出窗户剖面结构，用修剪工具整理好。然后用天正软件工具"符号标注"｜"加折断线"，绘制墙体中段和两端的折断线，如图13.5所示。

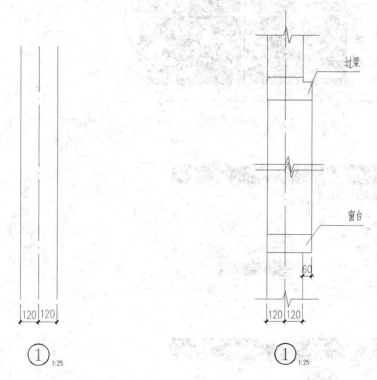

图13.4 墙线的绘制　　　　图13.5 绘制剖面窗台和过梁

（4）绘制剖面窗户结构。选择天正软件工具栏中"立面"｜"立面门窗"｜"剖面门窗"，选择"过梁门窗"，如图13.6所示，将门窗剖面放置墙体对应位置，使用AotoCAD编辑工具，进行窗户剖面结构绘制，如图13.7所示。

（5）绘制墙身细部结构图例。单击"绘图"工具栏中的"图案填充"工具，选择"预定义"中的"钢筋混凝土"和"普通砖"图案，如图13.8所示。填充后的效果如图13.9所示。

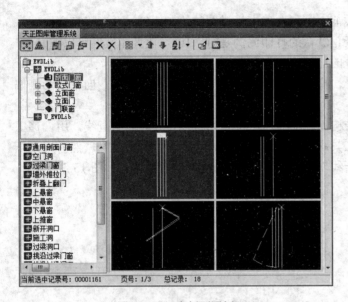

图 13.6 门窗剖面图例

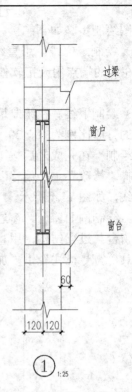

图 13.7 墙体中窗户结构的绘制

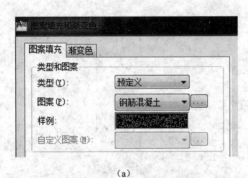

（a）

（b）

图 13.8 绘制墙身细节所用图例

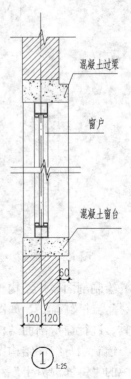

图 13.9 绘制剖面窗台和过梁

（6）绘制保护层及表面装饰层。以墙线和楼板线为参照，根面层材料的厚度，利用"偏移"工具，绘制出各个材料层，再根据材料情况填充材料图案，如图 13.10 所示。

（7）线型的处理。对剖面轮廓线进行加粗，一般都是在图绘制完毕后再进行。方法是将需要加粗的直线选中，点击鼠标右键，选择"加粗线条"，键入线粗 80，回车即可。如图 13.11 所示。

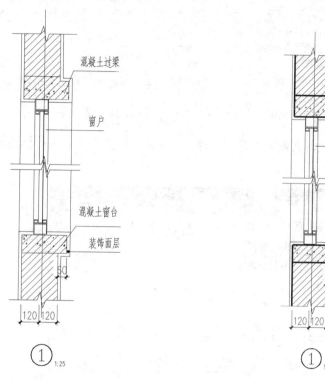

图 13.10　绘制保护层及表面装饰层

图 13.11　线形处理

13.2.2　绘制首层墙身节点

在楼层墙下面接着绘制即可，包括首层地面和室外散水部分，方法与前面基本相同。需要说明的是土层处理做法可用"图块填充"命令完成，结果如图 13.12 所示。

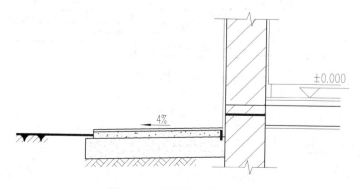

图 13.12　首层墙身节点绘制

13.2.3　文字标注

对于标高标注与坡度标注，使用天正软件工具"符号标注"｜"标高标注"及"箭头引注"，在弹出的对话框按需求进行编辑，如图 13.13 和图 13.14 所示。

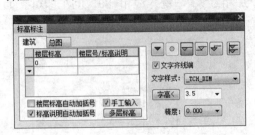

图 13.13　"标高标注"对话框

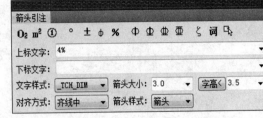

图 13.14　"箭头引注"对话框

对于楼板及散水做法，则使用"符号标注"｜"做法标注"命令进行标注，如图 13.15 所示，结果如图 13.16 所示。

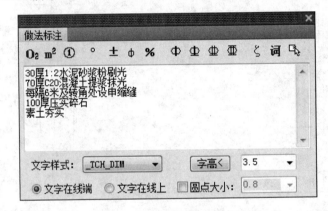

图 13.15　"做法标注"对话框

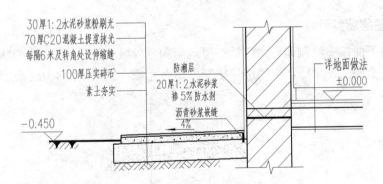

图 13.16　散水构造详图

13.2.4　绘制楼顶屋面详图

对于屋顶屋面剖切位置时，要注意对应的墙身索引位置。本案例绘制如图 13.17 所示索引位置的节点详图。其画法与前面墙身节点大体相同，下面介绍大致过程。

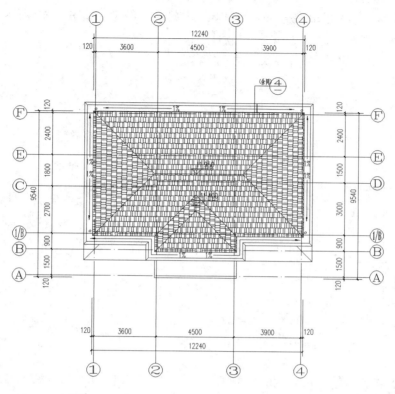

图 13.17　屋面节点大样索引（屋顶平面布置图）

（1）使用直线工具以及 AutoCAD 编辑工具，绘制节点结构图如图 13.18 所示。

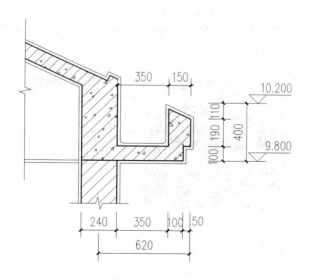

图 13.18　节点结构图绘制（④屋面节点详图）

（2）绘制保温层、防水层和表面装饰层。利用 AutoCAD 的绘图工具完成比较合适，首先使用偏移工具绘制保温层、防水层和表面装饰层的结构，如图 13.19 所示。

（3）完善保温层、防水层。在天正软件中选择"图块图案"｜"线图案"｜"保温层"及"图块图案"｜"线图案"｜"防水层"，完善文字标注，绘制如图 13.20 所示。

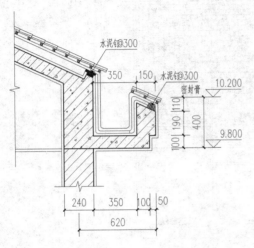

图 13.19　绘制保温层、防水层和表面装饰层
（④屋面节点详图）

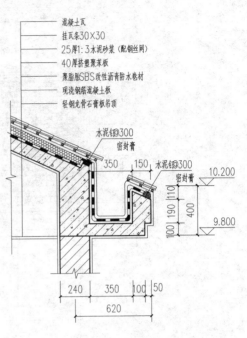

图 13.20　完善保温层、防水层
（④屋面节点详图）

13.2.5　绘制详图打印图框

在用上述方法依次绘制完成其余部分墙体详图后，可按照打印比例，绘制图框，方法如下：在天正软件中选择"文件布图"｜"插入图框"，在"插入图框"对话框中图幅选择 A3，比例为 1∶25，如图 13.21 所示。

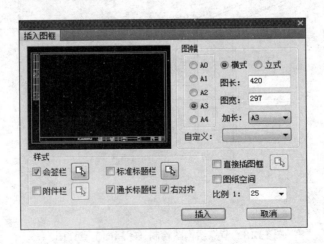

图 13.21　"插入图框"对话框

插入图框，修改相关信息，如图 13.22 所示。

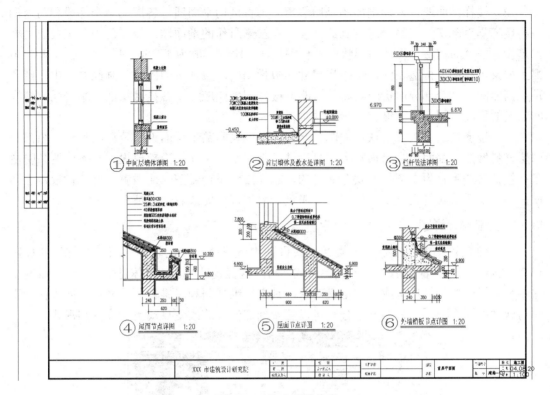

图 13.22 修改相关信息

13.3 绘制楼梯详图

　　房屋各个楼层之间需设置上下交通联系的设施，这些设施有楼梯、电梯、自动扶梯、爬梯、坡道、台阶等。楼梯作为竖向交通和人员紧急疏散的主要交通设施，使用最广泛；电梯主要用于高层建筑或有特殊要求的建筑；自动扶梯用于人流量大的场所；爬梯用于消防和检修；坡道用于建筑物入口处方便行车用；台阶用于室内外高差之间的联系。

　　楼梯是由楼梯段、休息平台、栏杆或栏板组成。楼梯详图主要表示楼梯的类型、结构形式、各部位的尺寸及装修做法等，是楼梯施工放样的主要依据。一般包括平面图、剖面图及节点详图（踏步、栏杆或栏板、扶手详图）。

　　（1）楼梯平面详图。楼梯详图比例通常为 1：50。包含楼梯底层平面图、楼梯标准层平面图和楼梯顶层平面图等。底层平面图是从第一个平台下方剖切，将第一跑楼梯段断开（用倾斜 30°、45°的折断线表示），因此只画半跑楼梯，用箭头表示上或下的方向，以及一层和二层之间的踏步数量，如上 20，表示一层至二层有 20 个踏步。楼梯标准层平面图是从中间层房间窗台上方剖切，应既画出被剖切的向上部分梯段，还要画出由该层下行的部分梯段，以及休息平台。楼梯顶层平面图是从顶层房间窗台上剖切的，没有剖切到楼梯段（出屋顶楼梯间除外），因此平面图中应画出完整的两跑楼梯段，以及中间休息平台，并在梯口处注"下"及箭头。

（2）楼梯剖面图。楼梯剖面图是用假想的铅直剖切平面通过各层的一个梯段和门窗洞口将楼梯垂直剖切，向另一未剖到的梯段方向投影所作的剖面图。楼梯剖面图主要表达楼梯踏步、平台的构造、栏杆的形状以及相关尺寸。比例一般为 1∶50、1∶30 或 1∶40，习惯上如果各层楼梯构造相同，且踏步尺寸和数量相同，楼梯剖面图可只画底层、中间层和顶层剖面图，其余部分用折断线将其省略。楼梯剖面图应注明各楼楼层面、平台面、楼梯间窗洞的标高、踢面的高度、踏步的数量以及栏杆的高度。

（3）楼梯踏步、栏杆及扶手详图。踏步详图即表明踏步截面形状及详细尺寸、内部与面层材料做法。踏面边沿磨损较大，易滑跌，常在踏步平面靠沿部位设置一条或两条防滑条。栏杆与扶手是为上下行人安全而设的，靠梯段和平台悬空一侧设置栏杆或栏板，上面做扶手，扶手形式与大小及所用材料要满足一般手握适度或者弯曲情况。

13.3.1　绘制楼梯详图

天正建筑软件提供了丰富的楼梯样式供使用者选择，使用较多的双跑楼梯形式如图 13.23 所示。双跑楼梯是最常见的楼梯形式，由两跑直线梯段、一个休息平台、一个或两个扶手和一组或两组栏杆构成的自定义对象，具有二维视图和三维视图。楼梯方向线在天正建筑软件中属于楼梯对象的一部分，可以随着剖切位置的改变自动更新位置和形式。

图 13.23　"双跑楼梯"对话框

参数说明：

（1）梯间宽：双跑楼梯的总宽度。点击按钮可以从平面图中直接量取楼梯间净宽作为双跑楼梯宽度。

（2）楼梯高度：双跑楼梯的总高度，默认为当前楼层高度。

（3）踏步总数：默认踏步总数为 20，是主要参数。

（4）休息平台：有"矩形""弧形""无"三种选项，在非矩形休息平台时，可以选择无平台。

（5）平台宽度：即休息平台宽度，休息平台的宽度应大于梯段宽度。

（6）扶手高度：默认值为高 900mm，断面尺寸 60mm×100mm。

13.3.2　首层楼梯平面详图的绘制

（1）打开天正建筑软件双跑楼梯对话框，参照首层楼梯平面图进行参数设置，如图 13.24

所示。设置完成后，把鼠标移动到画图界面，参照命令栏提示 TRSTAIR 点取位置或 [转90度(A)
左右翻(S) 上下翻(D) 对齐(F) 改转角(R) 改基点(T)]<退出>：，输入"A"，使楼梯旋转 90°角，将设置好的楼
梯插入对应的位置，结果如图 13.25 所示。

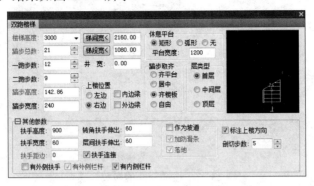

图 13.24　首层楼梯平面图参数设置

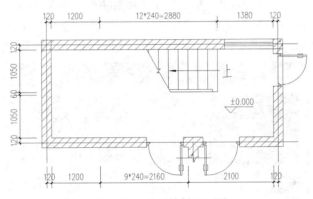

图 13.25　首层楼梯平面图

（2）对楼梯平面图进行细部尺寸标注与轴线定位符号标注，如图 13.26 所示。

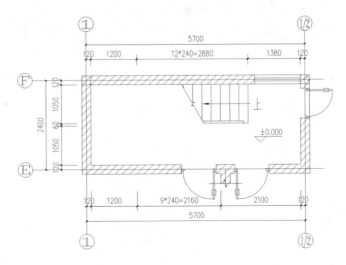

图 13.26　细部尺寸标注与轴线定位符号标注（一层楼梯平面图）

13.3.3　首层楼梯详图的绘制

（1）梯段的绘制。楼梯剖面的参数含义，如图 13.27 所示。

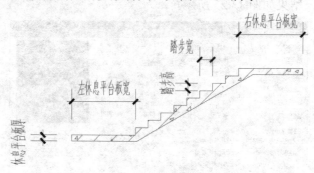

图 13.27　楼梯剖面的参数含义

（2）首层楼梯详图的绘制。选择"剖面"｜"参数楼梯"，显示如图 13.28 所示对话框。在参数对话框中选择提取梯段数据，选择已经完成的首层楼梯，"参数楼梯"中的数据提取首层楼梯数据，走向选择"左高右低"，绘制首层楼梯第一个梯段剖面图，结果如图 13.29 所示。

图 13.28　"参数楼梯"对话框

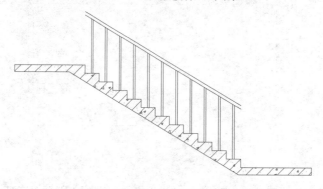

图 13.29　首层楼梯第一个梯段剖面图

第二个梯段参数，再一次提取首层楼梯数据，绘制结果如图 13.30 所示。

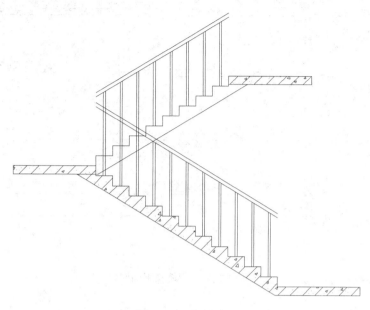

图 13.30 绘制结果

13.3.4 中间层、顶层楼梯详图的绘制

中间层、顶层楼梯详图绘制方法与首层楼梯详图绘制方法相同，可参照首层楼梯详图绘制。所举例子里中间层只有二层，顶层为三层。绘制结果如图 13.31 和图 13.32 所示。

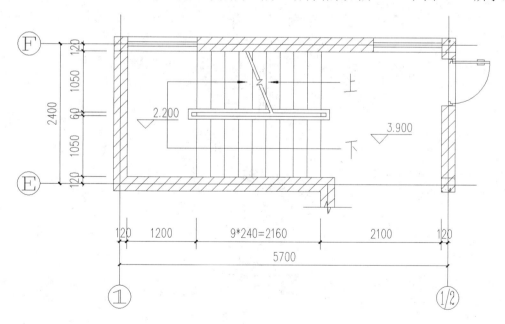

图 13.31 二层楼梯平面图

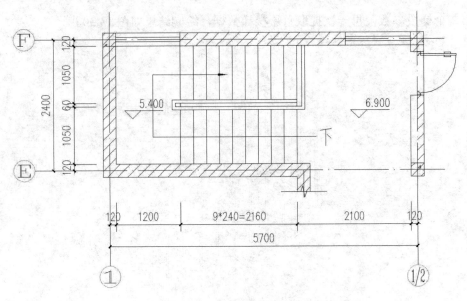

图 13.32 三层楼梯平面图

实 训 操 作

实训操作 1：根据本章所学内容，绘制图 13.33～图 13.36。

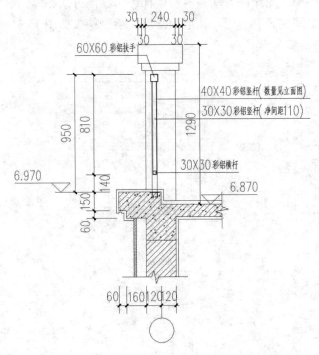

图 13.33 实训操作 1（栏杆节点详图）

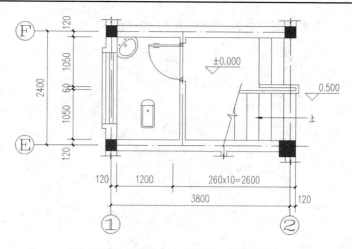

图 13.34　实训操作 1（楼梯一层平面图）

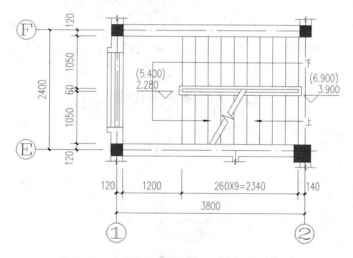

图 13.35　实训操作 1（楼梯二、三层平面图）

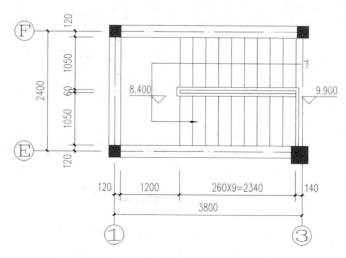

图 13.36　实训操作 1（楼梯阁楼层平面图）

实训操作 2：根据本章所学内容，绘制图 13.37～图 13.41。

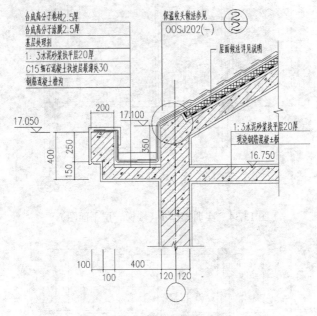

图 13.37 实训操作 2（屋顶节点详图）

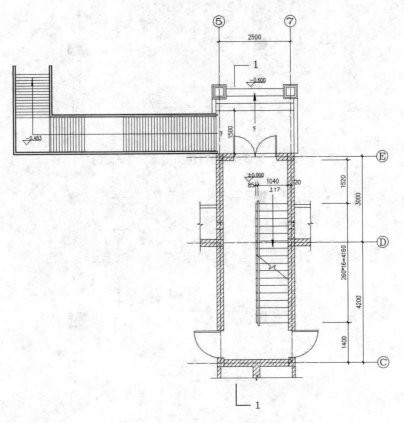

图 13.38 实训操作 2（楼梯一层平面图）

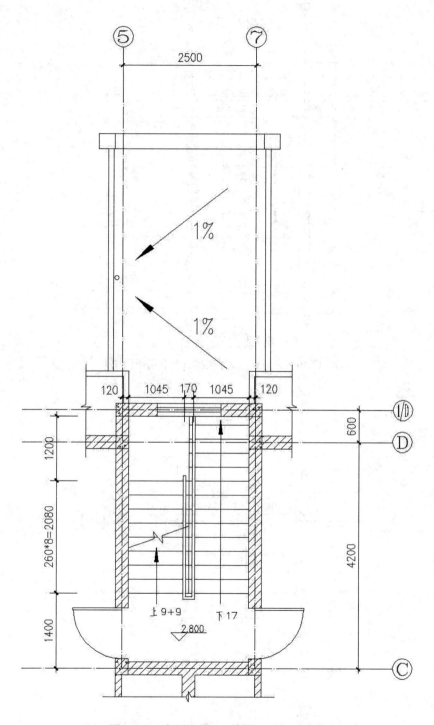

图 13.39　实训操作 2（楼梯二层平面图）

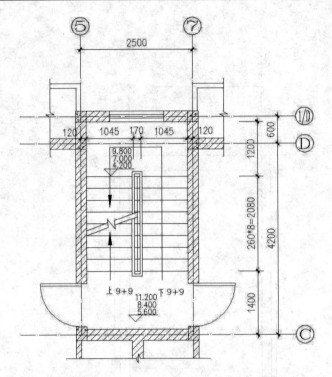

图 13.40 实训操作 2（楼梯三至五层平面图）

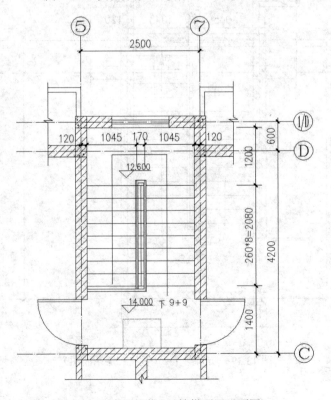

图 13.41 实训操作 2（楼梯顶层平面图）

实训操作 3：根据本章所学内容，绘制图 13.42 和图 13.43。

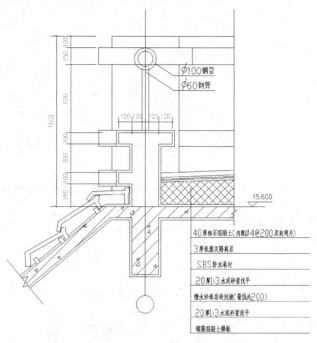

图 13.42 实训操作 3（屋顶节点详图）

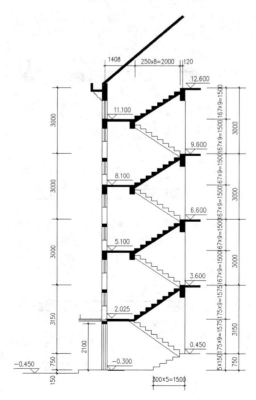

图 13.43 实训操作 3（楼梯剖面图）

实训操作 4：根据本章所学内容，绘制图 13.44～图 13.48。

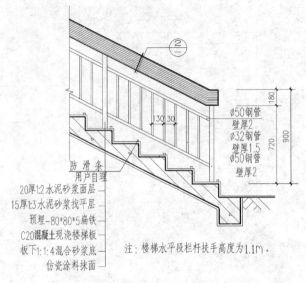

图 13.44　实训操作 4（楼梯节点详图）

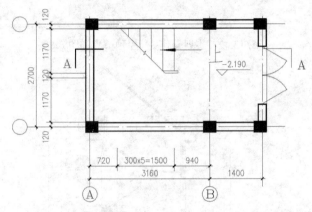

图 13.45　实训操作 4（楼梯半地下室平面图）

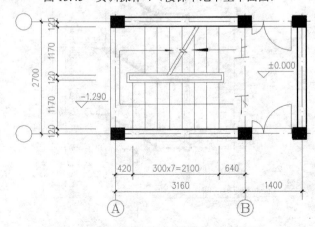

图 13.46　实训操作 4（楼梯一层平面图）

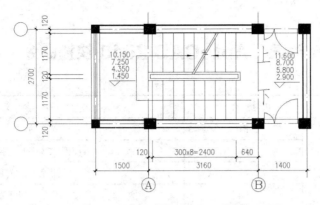

图 13.47　实训操作 4（楼梯二至五层平面图）

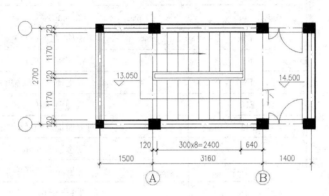

图 13.48　实训操作 4（楼梯顶层平面图）

附录　AutoCAD 2010 快捷命令

类　别	快 捷 命 令	命 令 含 义
功能键	F1	帮助
	F2	图形/文本窗口切换
	F3	对象捕捉（开/关）
	F4	数字化仪作用开关
	F5	等轴测平面切换（上/左/右）
	F6	坐标显示（开/关）
	F7	栅格模式（开/关）
	F8	正交模式（开/关）
	F9	捕捉模式（开/关）
	F10	极轴追踪（开/关）
	F11	对象捕捉追踪（开/关）
	F12	动态输入（开/关）
Ctrl+数字组合键	Ctrl+0	全屏显示（开/关）
	Ctrl+1	特性 Properties（开/关）
	Ctrl+2	AutoCAD 设计中心（开/关）
	Ctrl+3	工具选项板窗口（开/关）
	Ctrl+4	图样集管理器（开/关）
	Ctrl+5	信息选项板（开/关）
	Ctrl+6	数据库连接（开/关）
	Ctrl+7	标记集管理器（开/关）
	Ctrl+8	Quickcalc 快速计算器（开/关）
	Ctrl+9	命令行（开/关）
Ctrl+字母组合键	Ctrl+A	选择全部对象（开/关）
	Ctrl+B	捕捉模式（开/关）
	Ctrl+C	复制
	Ctrl+D	坐标显示（开/关）
	Ctrl+E	等轴测平面切换（上/左/右）
	Ctrl+F	对象捕捉（开/关）
	Ctrl+G	栅格模式（开/关）
	Ctrl+H	Pickstyle（开/关）
	Ctrl+K	超链接

续表

类　别	快 捷 命 令	命 令 含 义
Ctrl+字母组合键	Ctrl+L	正交（开/关）
	Ctrl+M	Enter
	Ctrl+N	新建文件
	Ctrl+O	打开文件
	Ctrl+P	打印输出
	Ctrl+Q	离开 AutoCAD
	Ctrl+S	保存
	Ctrl+T	数字化仪模式（开/关）
	Ctrl+U	极轴追踪（开/关）
	Ctrl+V	粘贴
	Ctrl+W	对象捕捉追踪（开/关）
	Ctrl+X	剪切
	Ctrl+Y	取消上一次的 Undo 操作
	Ctrl+Z	取消上一次的命令操作
Alt+字母组合键	Alt+F	"文件"下拉菜单
	Alt+E	"编辑"下拉菜单
	Alt+V	"视图"下拉菜单
	Alt+I	"插入"下拉菜单
	Alt+O	"格式"下拉菜单
	Alt+T	"工具"下拉菜单
	Alt+D	"绘图"下拉菜单
	Alt+N	"标注"下拉菜单
	Alt+M	"修改"下拉菜单
	Alt+W	"窗口"下拉菜单
	Alt+H	"帮助"下拉菜单
Ctrl+Shift+字母组合键	Ctrl+Shift+C	带基点的复制
	Ctrl+Shift+S	另存为
	Ctrl+Shift+V	粘贴为块
Alt+F 键组合键	Alt+F8	VBA 宏管理器
	Alt+F11	AutoCAD 和 VBA 编辑器画面切换
Esc 键	Esc	取消命令执行
快捷命令 A	A	圆弧
	ADC	AutoCAD 设计中心

续表

类　别	快 捷 命 令	命 令 含 义
快捷命令 A	AL	对齐
	AA	区域
	AR	阵列
	AV	鸟瞰视图
快捷命令 B	B	创建块
	BH	绘制充填图案
	BC	关闭块编辑器
	BE	块编辑器
	BO	创建封闭边界
	BR	打断
	BS	保存块编辑
快捷命令 C	C	圆
	CH	修改对象特征
	CHA	倒角
	CHK	检查图形 CAD 关联标准
	CLI	调入命令行
	CO 或 CP	复制
	COL	对话框式颜色设置
快捷命令 D	D	标注样式设置
	DAL	对齐标注
	DAN	角度标注
	DBA	基线式标注
	DCE	圆心标注
	DCO	连续式标注
	DDA	解除关联的标注
	DDI	直径标注
	DED	编辑标注
	DI	求两点间的距离
	DIV	定数等分
	DLI	线性标注
	DO	圆环
	DOR	坐标式标注
	DOV	更新标注变量

续表

类 别	快 捷 命 令	命 令 含 义
快捷命令 D	DR	显示顺序
	DRA	半径标注
	DRE	重新关联的标注
	DS	草图设置
	DT	单行文字
快捷命令 E	E	删除对象
	ED	编辑单行文字
	EL	椭圆
	EX	延伸
	EXP	输出数据
快捷命令 F	F	倒圆角
	FI	过滤器
快捷命令 G	G	对象编组
	GD	渐变色
	GR	夹点控制设置
快捷命令 H	H	图案填充
	HE	编辑图案填充
快捷命令 I	I	插入块
	IAD	图像调整
	IAT	光栅图像
	ICL	图像剪裁
	IM	外部参照
快捷命令 J	J	合并
快捷命令 L	L	画直线
	LA	图层特性管理器
	LE	快速引线
	LEN	调整长度
	LI 或 LS	查询对象数据
	LO	布局设置
	LT	线性管理器
	LTS	线性比例设置
	LW	线宽设置

续表

类　别	快捷命令	命令含义
快捷命令 M	M	移动对象
	MA	特性匹配
	ME	定距等分
	MI	镜像对象
	ML	绘制多线
	MO	对象特性修改
	MS	切换至模型空间
	MT	多行文字
	MV	浮动视口
快捷命令 O	O	偏移复制
	OP	选项
	OS	对象捕捉设置
快捷命令 P	P	实时平移
	PA	选择性粘贴
	PE	编辑多段线
	PL	绘制多段线
	PO	绘制点
	POL	绘制正多边形
	PR	对象特征
	PRE	输出预览
	PRINT	打印
	PS	图纸空间
	PU	清理无用对象
快捷命令 Q	QC	快速计算器
快捷命令 R	R	重画
	RA	所有视口重画
	RE	重生成
	REA	所有视口重生成
	REC	绘制矩形
	REG	绘制面域
	REN	重命名
	RO	旋转

续表

类　别	快　捷　命　令	命　令　含　义
快捷命令 S	S	拉伸
	SC	比例缩放
	SE	草图设置
	SET	设置变量值
	SN	捕捉控制
	SO	充填的三角形或四边形
	SP	拼写
	SPE	编辑样条曲线
	SPL	样条曲线
	ST	文字样式
	STA	规划 CAD 标准
快捷命令 T	T	多行文字输入
	TA	数字化仪
	TB	插入表格
	TI	图纸空间和模型空间的设置切换
	TO	工具栏设置
	TOL	形位公差
	TR	修剪
	TS	表格样式
快捷命令 U	UC	UCS 管理器
	UN	单位设置
快捷命令 V	V	视图
快捷命令 W	W	写块
快捷命令 X	X	分解
	XA	附着外部参照
	XB	绑定外部参照
	XC	剪裁外部参照
	XL	构造线
	XR	外部参照管理器
快捷命令 Z	Z	缩放视口

参 考 文 献

[1] 韦清权，刘勇. AutoCAD 与天正建筑 [M]. 北京：中国水利水电出版社，2012.

[2] 曹磊，朱一. AutoCAD 2011 及天正建筑 8.2 应用教程 [M]. 北京：机械工业出版社，2011.

[3] 贺蜀山. 建筑 CAD 教程 [M]. 北京：中国水利水电出版社，2013.

[4] 张华. AutoCAD 在建筑工程中的应用 [M]. 北京：中国水利水电出版社，2009.

[5] 龚景毅，汪文萍. 工程 CAD [M]. 北京：中国水利水电出版社，2007.